U0262527

水体污染控制与治理科技重大专项"十三五"成果系列丛书

流域水质目标管理及监控预警技术标志性成果

全国水生态功能分区研究

张　远　马淑芹等　著

科　学　出　版　社

北　京

内 容 简 介

本书在系统总结国内外水生态分区的基础上，介绍适合我国的水生态功能分区理论与体系框架，重点阐述水生态功能分区技术步骤及方法，以全国为对象，开展水生态功能分区技术应用示范，提出全国分区方案及管理思路，为全国水生态系统管理工作提供技术支持。

本书可供从事水环境与水生态系统管理的科研人员、相关政府部门工作人员，以及环境科学、生态学等专业的本科生和研究生参考。

审图号：GS(2021)2775 号

图书在版编目（CIP）数据

全国水生态功能分区研究／张远等著.—北京：科学出版社，2021.6

（水体污染控制与治理科技重大专项"十三五"成果系列丛书）

ISBN 978-7-03-069244-3

Ⅰ.①全… Ⅱ.①张… Ⅲ.①水环境–环境功能区划–研究–中国 Ⅳ.①X321.01

中国版本图书馆 CIP 数据核字（2021）第 118309 号

责任编辑：周　杰　王勤勤／责任校对：樊雅琼
责任印制：吴兆东／封面设计：无极书装

科 学 出 版 社 出版

北京东黄城根北街 16 号
邮政编码：100717
http://www.sciencep.com

北京建宏印刷有限公司 印刷

科学出版社发行　各地新华书店经销

*

2021 年 6 月第 一 版　开本：787×1092　1/16
2021 年 6 月第一次印刷　印张：12
字数：285 000

定价：**168.00 元**

（如有印装质量问题，我社负责调换）

前　言

当前我国进入了生态文明建设新时期，水环境管理正逐步迈入水生态系统健康管理新阶段。水生态功能区是水生态健康管理的基本单元，它是以流域水生态系统及其周围环境为研究对象，以生态系统的空间层级为划分基础，将水生态系统划分出不同的功能区，识别区内水生态系统的结构与功能特征，分别制定相应的保护措施和规划。在欧美等发达国家或地区被广泛应用在水生态健康评价、流域监测网络布设、水环境基准标准制定、水生态保护修复方案制订等水环境管理工作中。当前我国水环境管理主要基于水功能区进行，水功能区主要是依据水体的使用功能进行单元划分，从水环境质量的角度提出对人类活动的规范，对水生态指标考虑不足，难以满足新时期下"三水统筹""水陆统筹"的水生态系统管理要求。

水生态功能区划研究的目的是为我国提供体现水生态区域差异的基本单元，是我国新型水环境管理体系的基础。为此，国家水体污染控制与治理科技重大专项先后在"十一五""十二五""十三五"期间设立了"流域水生态功能评价与分区技术""重点流域水生态功能一级二级分区研究""流域水生态保护目标制定技术研究""重点流域水生态功能三级四级分区研究""流域水生态功能分区管理技术集成"5个课题，开展了水生态功能分区及其水生态健康管理技术研究。本书为"流域水生态功能评价与分区技术"（2008ZX07521）"流域水生态保护目标制定技术研究"（2012ZX07501001）、"流域水生态功能分区管理技术集成"（2017ZX07501002）3个课题的研究成果。

本书撰写工作由张远和马淑芹主持。全书共7章。第1章由张远、马淑芹、王璐、郝彩莲完成，介绍了水生态功能分区的背景和意义、国内外水生态功能分区研究进展、水生态功能分区与现有管理分区的关系；第2章由丁森、夏瑞、高欣、王晓、张楠完成，介绍了全国水生态环境总体情况、全国水生生物多样性和空间分布规律及其影响因素；第3章由张远、马淑芹、杨中文、王璐、贾蕊宁完成，介绍了水生态功能分区的基础理论、分区体系和技术框架；第4章由马淑芹、张远、江源、贾蕊宁、贾晓波完成，介绍了水生态功能分区的步骤、方法及关键技术；第5章由张远、马淑芹、杨辰、孔维静、张楠、贾蕊宁完成，介绍了全国水生态功能1~5级分区的分区指标、关键技术步骤及分区结果；第6章由夏瑞、马淑芹、张远、高俊峰、杨中文完成，介绍了全国水生态功能区分级分类管理思路及鄱阳湖流域水生态功能分区管理方案；第7章由张远、马淑芹完成，对我国水生态功能分区及应用进行了问题总结和研究展望。最后由张远完成对全书的统稿和校对工作，全书参考文献、图表由王璐整理和绘制。

　　本书得到了水体污染控制与治理科技重大专项"流域水质目标管理技术体系集成研究项目"（2017ZX07301）"流域水生态功能分区管理技术集成"（2017ZX07301001）课题的资助。书中每一项成果都凝聚了众多人员的劳动，感谢在课题研究和文稿编辑过程中付出劳动的工作者以及本书中未提及的工作者。由于水生态功能分区在我国是新生事物，研究还处于初级阶段，另受时间、水平等因素所限，书中难免有不妥之处，请广大读者批评指正。

作　者

2020 年 11 月

目　　录

第 1 章　水生态功能分区研究概况

1.1　水生态功能分区的背景和意义

1.1.1　水生态功能分区的重大需求

我国经济社会长期快速发展导致水生态系统退化问题突出，不仅影响人民群众健康，也制约经济社会可持续发展。近年来，水生态健康受到高度重视，长江大保护、黄河流域生态保护和高质量发展先后上升为国家战略。重点流域水生态环境保护"十四五"规划提出"有河有水、有鱼有草、人水和谐"的总体要求和"水资源、水环境、水生态"三水统筹的目标，体现了水生态健康保护的迫切需求。水生态健康保护强调水生态监测、健康评价以及生态管控措施等技术的应用，由于水生物具有显著的区域差异性，依据水生态功能区实施差异化管理是国际普遍认可的方法。美国和欧盟都建立了基于水生态分区的流域管理体系，实现了流域水生态健康管理保护和水陆统筹管理，代表了当前水环境管理的发展方向。

我国正在实施的水功能区划方案、生态功能区划方案、主体功能区划方案都是不同管理部门根据其管理需求开展的区划工作。这些区划方案分别反映了水资源使用功能的差异、陆地生态功能类型差异及国土开发活动要求的差异，难以体现水生态系统类型及其功能的需求，不能作为水生态系统健康评估、水生态保护物种识别、水生态安全保护目标制定、生态恢复和管理措施实施的基本单元。因此，迫切建立体现我国水生态区域分异规律的新型水生态管理单元，实现水环境污染控制向水生态系统完整性保护的转变，对于提升我国水生态环境精细化管理能力，最终建成生态文明社会具有重要的支撑作用。

1.1.2　水生态功能分区的概念和目的

（1）水生态功能分区的概念

水生态功能区是指具有相对一致的水生态系统结构、组成、格局、过程和功能的水体及影响其陆域组成的区域单元。水生态功能分区是在研究水生态系统结构、过程和功能空间分异规律的基础以及不同尺度上，按照一定的原则、指标体系和方法进行的区域划分。

（2）水生态功能分区的目的

水生态功能分区的目的是科学统筹水陆相互关系及水资源、水环境、水生态系统特征，了解流域不同区域的水生态特征，明确水生态功能要求，确定生态保护目标，提出针对性的分区管理措施。

一是识别流域不同区域的水生态系统、水生生境及其水生态功能的特点，为水生态监测评价、保护和管理提供科学依据。

二是按照水生态系统完整性的科学治理规律，建立水资源、水环境、水生态统一的水生态功能分区体系，实现"山水林田湖"一体化的管理目标。

三是统筹协调水环境质量改善、生态功能保护、水资源优化利用与社会经济发展，建立以保证水生态系统健康为最终目标的分级别、分类型的精细化管理体系。

1.2　水生态功能分区研究历程

1.2.1　国外水生态功能分区主要进展

"生态区"一词在 1967 年首次被提出，是指具有相似生态系统或期待发挥相似生态功能的陆地及水域，它的提出意味着传统的地理分区研究进入了生态学领域。生态区划的目的是为全面有效地研究和管理各种生态系统与资源，以及生态系统评价、修复和管理提供空间结构单元。国外许多学者在此方面开展了深入研究，针对不同研究对象和目的提出了不同类型的生态区划体系，如以陆地生态系统为对象的 Bailey 分区、以森林生态系统为对象的美国林业局（U. S. Forest Service）区划、以淡水生态系统为对象的美国国家环境保护局（U. S. Environment Protection Agency，USEPA）区划、以湖滨河岸带保护区为对象的五大湖（Great Lake）区划、以海洋生态系统为对象的海洋生态区划和以生物多样性保护为对象的世界自然基金会（World Wildlife Fund，WWF）区划等。

水生态区首先在美国被提出并得到发展，是指淡水生态系统或生物体及其环境之间的相互关系相对同质的土地单元，20 世纪 70 年代末，USEPA 在成立之后对水环境管理提出了更高的要求，期望管理不仅关注水化学指标，还要关注水生态系统的保护，这就需要有一种能够针对水生态系统的区划体系，它不仅能够指导水质管理，而且能够反映水生生物及其自然生活环境的特征，从而为水生生物标准的确定提供科学依据，实现从水化学指标向水生态指标管理的转变。USEPA 最初是选择一种陆地生态系统的分区方案作为水管理单元，即 Bailey 分区方案，但事实证明，这种以陆地生态系统为对象的分区方法不适宜于水生态系统的分类，因为它更多的是以一种影响陆地植被特征的要素来划分每个层次的生态区，如 Bailey 分区方案是根据 Kucher 的自然植被类型来划分"地域"层次的生态区，以Hammond 的地表形态类型来划分"地段"层次的生态亚区。研究发现，水生态系统的区域特征并不是单一地表要素所能决定的，而是取决于多种自然要素的共同作用，并且这些要素在各个区域所发挥的作用也不尽相同。因此，USEPA 从 80 年代开始着手水生态区划方案的研究，在 1987 年提出了 USEPA 区划方案。与陆地区划方案不同的是，USEPA 区划方案不是根据某一种自然因素来划定各个级别的水生态区的，而是认为各种特征因素都相对比较重要，需要把它们相互结合在一起，共同诠释其对不同层次的水生态系统的影响。水生态区得到美国管理部门的普遍认可，并被广泛应用于水生态系统的管理，特别是用于区域监测点的选择和建立区域范围内受损水生态系统的恢复标准。

自从美国提出了水生态区划的管理思想后，越来越多的国家或地区开始研究和采用这种方法，如澳大利亚、英国和奥地利等。欧盟在 2000 年 12 月颁布的《欧盟水框架指令》（*Water Framework Directive*，WFD）中，明确提出要以水生态区和水体类型为基础确定水体的参考条件，根据参考条件评估水体的生态状况，最终确定生态保护和恢复目标的淡水生态系统保护原则。

1.2.2 国内水生态功能分区主要进展

我国从 20 世纪 50 年代就开始了水体区划研究，当时以自然区划方法为主，如根据湖泊的地理分布特点把中国湖泊划分为五大湖泊区，熊怡（1995）以径流深度、径流的年内分配和径流动态为主要指标，将全国划分为 11 个水文一级区和 56 个水文二级区；尹民等（2005）开展了中国河流生态水文区划研究，将中国河流划分为 10 个一级区、44 个二级区、406 个三级区；1981 年，李思忠等根据鱼类组成和属种的差异，将淡水鱼类分区分为 5 个一级区、2 个二级区。20 世纪 80 年代开始，环境保护部门开展了全国水环境功能区划分，以期为水污染控制提供依据。2002 年，水利部提出了全国水功能区方案，以其作为全国水体功能管理的基础。这些区划都是针对水生态系统的某种特征要素制订的，不是真正意义上的水生态区划，但其为我国水生态区划方法研究奠定了基础，不同程度地反映出地貌、水文指标对我国水生态系统的影响规律。

20 世纪 80 年代以后，我国进入了陆地生态区划阶段。区划更多是强调生态学意义，反映生态系统的地域分异规律，如傅伯杰等（2001）提出了我国生态区划的原则和方法，建立了我国的生态区划体系，根据气候、地势、植被类型、地貌等指标将全国划分为 3 个生态大区、13 个生态地区以及 57 个生态区。2008 年环境保护部和中国科学院联合编制了《全国生态功能区划》，其根据生态系统的特征、生态服务功能的重要程度以及区域面临的生态环境问题和生态敏感性，把特定区域划分为自然生态区、生态亚区和生态功能区 3 个等级单元。这些区划主要以反映陆地生态系统的综合特征和功能为目的，而不是以表征水生态系统特征为目标，区划结果往往不能直接作为水管理的空间单元。为了满足生态水量标准制定的需求，尹民等（2005）在以往水文区划的基础上，提出了我国的生态水文区划方案，将水文要素特征与水生态系统特征区划进行了初步关联，标志着我国的生态区划已开始向水生态区划方向发展，但我国真正的水生态分区体系还尚未建立。

周华荣和肖笃宁（2006）对塔里木河中下游河流廊道的分区进行了研究，应用景观生态学方法，划分了三大景观生态功能类型区。燕乃玲等（2006）以流域生态系统单元为基础对我国长江源区进行了生态功能区划，共划分了 5 个生态功能分区，为长江源区生态系统管理和保护提供了基础框架。也有研究人员对我国水生态区划的方法及其应用前景进行了评述，并以辽河流域为例开展了水生态分区研究，辨析了水生态区划、水功能分区、水环境功能分区等概念间的联系与差异，强调了水生态区划工作的重要性，对后续类似的研究工作提供了借鉴。2008年，国家启动了水体污染控制与治理科技重大专项，计划在2008~2020年，分3个阶段投资300多亿元开展我国水体污染控制技术和水污染防治管理技术研发。其中"十一五""十二五""十三五"期间设置了"流域水生态功能分区与质量目标管理技术"、"流域水生态承载力调控与污染减排管理技术研究"和"流域水质目标管理技术体系集成研究"3个项目5个课题，根据"示范流域划定——自下而上成果归纳——自上而下体系——全国划定"的总体设计思路设计开展了我国水生态功能分区研究工作。

1.3 国内外水生态功能分区研究现状

1.3.1 国外水生态功能分区研究现状

1.3.1.1 美国国家环境保护局水生态分区

美国是最早根据水生态区进行水环境管理的国家。Omernik于1987年提出水生态分区的概念和水生态分区的方法。以Omernik理念为指导，USEPA于1987年第一次出版了北美1∶7 500 000比例尺的生态分区图。目前，水生态区划方案已从过去的3级体系发展到5级体系。其中，1级和2级层次分别将北美大陆划分为15个和52个生态区；3级层次将美国大陆划分为84个水生态区，阿拉斯加州划分为20个水生态区；4级层次是在3级生态区基础上由各州进行划分的；5级层次是区域景观水平的水生态区划分。4级区划工作在美国各州正在开展，5级区划仅在个别区域开展，最终目标是在每个州都完成4级区划。在实际应用中，根据数据分析的要求，可以在不同的层次上对水生态区进行重新集合，如在美国国家营养物基准制定中3级生态区被集合成14个区域。

USEPA是以4个区域性特征指标为基础进行3级生态区划的，具体包括土地利用、土壤、自然植被和地形，它们被认为是影响水生态系统特征、能够反映水生态系统与周围陆地生态系统相关关系的关键性因素。这些环境要素之间是相互关联的，如气候和地貌影响土壤构成，土壤类型和气候进一步影响植被类型，植被类型反过来也影响土壤类型，这些因素又都对土地利用方式有所作用，它们共同决定着水生态系统的空间类型。但是在不同的区域，这些因素的相互作用不同，因此需要对其进行具体分析，才能判断出主要的影响要素。因此，USEPA水生态区划分的最大特点就是没有全国统一的划分标准。在3级区划的基础上，各州开始利用更大精度的数据来划分4级区，以反映水体的特殊环境特性。4级区的划分主要是根据3级区内的气候、地质、水文、土地利用、土壤、植被以及地表水质等指标的差异进行划分。

USEPA 水生态区边界最初是以定性分析的方法进行确定的，具体是首先对 4 个特征因素的专题图进行叠置和比较，确定 4 个特征因素的空间特点和关系，在权衡各个因素的重要性之后确定水生态区的潜在范围，然后结合专家经验最终确定区域边界。该方法的优点在于能够将主导因子和专家意见相综合，缺点在于方法是非定量化的，不具有可重复性。随着地理信息系统（geographic information system，GIS）技术的发展，美国各州逐渐开始采用定量化的区划技术方法，对原有的生态区划边界进行重新确定，如 Host 等于 1996 年采用多变量空间统计分析方法对威斯康星西南部进行了区划边界的重新确定，与手工区划结果相比，精度提高了 45%。

1.3.1.2 欧盟水生态分区

欧盟于 2000 年颁布了 WFD，以法律形式规定了欧盟各成员国的地表水在 2015 年以前必须达到好的状态（good status），这种好的状态被详细定义为生物质量单元（浮游植物、大型藻类、鱼和底栖生物）、水形态质量单元（如水文区、河流连通性）以及物理–化学质量单元（如 pH、氧、营养物、污染物）。WFD 明确指出要以水生态区为基础确定地表水的等级，评估水体的生态状况，最终确定生态保护和恢复目标的淡水生态系统保护原则（Moog et al.，2004）。

地表水的等级划分方法包括以下几方面（表1-1）：

1）河流盆地区域的确定。

2）类型划分（河流、湖泊、过渡带水、海岸水、人工水和严重改变的水体）中的某一类。

3）地表水进一步划分为 A 系统或 B 系统，A 系统是按照生态区的方法划分（包含高程、流域面积和地质三个影响生物群落的因子）；B 系统包含必选指标和可选指标，必选指标与 A 系统中的指标相同，而这些指标在 A 系统中被定义为影响生物群落的环境特征，但这些环境特征不被人类活动影响，在 B 系统中人类活动影响选择的栖息地特征。因此，引入了人类活动影响的生态分区，反映了自然–社会经济–环境的相互作用的耦合关系。

4）按照压力和导致的影响，同一类型的水体进一步划分为更小的水体。

表 1-1　欧盟水生态分区指标体系

指标体系	指标类型		指标
A 系统	高程		根据地区特点进行高程分级
	流域面积		流域面积分级
	地质		地质类型
B 系统	必选指标		系统 A 指标（高程、流域面积、地质）
	可选指标，以地中海地区为例（Munné and Part，2004）	气候	年平均气温、年降水量
		水文	年平均流量、年径流系数、枯水季节指标
		形态学	月流量可变性指标、水流能量、平均水流坡度、水源距离、河流级数、河流分叉率
		地质	流域形状、各地质类型占流域面积的比例

WFD 通过基于地形学、生物学和生态学的生态分区方法，代替了以往行政管理单元的方法，既体现了水生态系统空间特征的差异，又能够为水生态系统完整性标准的制定提供依据，克服了对欧盟成员国水生态系统保护国家政策的局限性和差异性，推动了欧盟地区区域水生态系统的标准管理，为选择区域监测参考点和恢复受损水域提供了标准。

在 WFD 下，欧盟各国根据本国水生态特点开展了有针对性的分区研究，其基本思路是首先基于地理气候因子划分生态区，在后面更小的等级中逐步引入生物和生境要素。欧盟的水生态分区是基于地形学、生物学或生态学相似性描述制定的，与北美的水生态分区方法相似。Wasson 等（1993）基于气候、地质、地貌和水文 4 个因素将法国的卢瓦尔（Loire）盆地（105 000km²）分成 11 个水生态区；Cohen 等（1998）在进一步分区过程中，逐渐引入流域地貌、栖息地等指标；奥地利标准协会（Austrian Standards Institute）于1997 年利用 USEPA 的模型对奥地利进行分区，分区的标准选择为气候（降水的季节性和雨量）、地形（海拔和地形）以及植被（结构和功能），进而将奥地利划分为 17 个水环境生态区，每个水环境生态区的范围为 1075 ~ 63 150km²，并在进一步的小尺度分区中引入水质和大型无脊椎动物作为划分指标；1995 年英国环境污染皇家调查委员会（Hemsley，2000）提出利用生物监测数据对河流水质进行分类，将水生态分区思想运用于水环境管理；英国环境署基于其建立的河流无脊椎动物预测方法和分类系统（RIVPACS）开发的栖息地评估方法，从干扰最小的若干参考点采集大型无脊椎动物信息，然后根据生物信息的相似性对参考点进行分类，将河流划分为 6 个质量等级；2004 年 Schaumburg 等在 WFD 下基于大型植物、底栖植物和深海硅藻属三类指标，对德国 200 条河流进行了生态分区；Jaschinski 等（2007）基于 WFD，以水下植物的分布深度和轮藻植物群落结构作为主要区划指标，建立了德国波罗的海内岸水域藻类和被子植物的五级区划体系；Bjerring（2008）依据 WFD 建议的生态指标限值，以总磷的富集程度、水下大型植物、单元渔获量作为衡量指标，对丹麦 21 个湖泊的生物和化学特性进行了考察。

1.3.1.3 北美淡水生态分区

1995 年，在美国农业部（U. S. Department of Agriculture，USDA）支持下，Maxwell 等（1995）基于张荣祖（1987）所建立的世界 6 个动物地理大区，根据北美鱼类分布特征，建立了基于多尺度的北美淡水生态分区等级结构，分别是动物地理大区（zones）、动物地理亚区（subzones）、地区（regions）、亚地区（subregions）、流域（basins）、亚流域（subbasins）乃至更小的分区单元。在动物地理亚区、地区、亚地区尺度上分别划分出 3个、12 个和 58 个（除墨西哥外）水生态区（表1-2）。每一个尺度上都有其明确的生态学过程。与基于景观要素的分区体系不同，鱼类的空间分布特征被认为是能够直接反映水生态系统差异的重要指标，Maxwell 在亚流域以上尺度都使用了鱼类的群落、种群、遗传特征数据进行分区。每一级分区都被赋予明确的管理意义，能够为国际、国家和地方制定宏观水生态保护战略规划与恢复工程措施提供依据。此后，Nilsson（2002）、Abell（2008）在 Maxwell 所建立的淡水生态分区基础上进一步细分，在亚地区尺度上划分了 76 个水生态区，完成了每个水生态区的鱼类物种丰富度、水生态保护状态、受胁迫状态、保护标准等方面的评估。

表 1-2 北美淡水生态分区

等级	尺度范围	划分指标
动物地理大区	$>1\times10^7\,km^2$	Darlington 动物区系，新北界
动物地理亚区	$1\times10^6 \sim 1\times10^7\,km^2$	鱼类科级阶元类型
地区	$1\times10^5 \sim 1\times10^6\,km^2$	鱼类群落形态
亚地区	$1\times10^4 \sim 1\times10^6\,km^2$	更小的鱼类群落形态
流域	$1\times10^3 \sim 1\times10^5\,km^2$	鱼类物种组成（包括本地种）
亚流域	$1\times10^3 \sim 1\times10^4\,km^2$	自然地理学与物种组成
小流域	$1\times10^2 \sim 1\times10^3\,km^2$	水文过程与鱼类遗传特征
子小流域	$10 \sim 10^2\,km^2$	水文过程与鱼类遗传特征
河区	$0.1 \sim 100km$	地貌、气候过程、水文过程
河段	$0.1 \sim 10km$	河道地貌
河道单元	$<10m$	基于样点的栖息地特征

1.3.1.4 美国大自然保护协会的淡水生态系统分类体系

美国大自然保护协会（The Nature Conservancy，TNC）淡水生态系统分类方法侧重从亚地区到河段的分区，主要分成水生动物地理单元、生态流域单元、水生态系统和大生境4 个等级（表 1-3），其尺度范围和北美淡水生态分区中的亚地区、流域、小流域及河段较为一致。前两个等级是基于面状指标的分区，后两个等级是基于线状指标的分区。从指标类型上看，TNC 分类更为重视生境的划分方法，特别是在大生境等级上，TNC 还给出了自下而上和自上而下两种分类方法，后者较适用于缺乏水生生物资料的地区，扩大了分类体系的适用地区范围。

表 1-3 美国 TNC 淡水生态系统分类

等级	尺度范围	划分指标
水生动物地理单元	$1\times10^4 \sim 1\times10^6\,km^2$	动物地理单元，或陆地流域格局、气候、地貌和地质的大尺度数据
生态流域单元	$1\times10^3 \sim 1\times10^5\,km^2$	生物格局，或自然地理格局、气候、淡水生态系统连接性
水生态系统	$10 \sim 1\times10^3\,km^2$	河流的水文地质、地表特征、河床高度和其他生态相关因子
大生境	$0.1 \sim 10km$	生境（河流梯度、高程、长度、连通性、地质、水文过程、河岸带等）

1.3.1.5 世界淡水生态分区

基于北美水生态分区的研究，WWF 继续将水生态分区应用于非洲、马达加斯加和其他岛域的淡水生物多样性保护（Thieme et al.，2007），由于流域边界往往作为生物地理屏障，水生态分区一般也采用流域边界。随后，在 WWF 和 TNC 的联合资助下（Abell et al.，

2008），有超过 200 位来自世界各地的保护生物学家参与，耗时 10 年成功绘制了首张基于淡水鱼类生物多样性差异的全球淡水生态分区图，将全球淡水生态系统分成 426 个生态区。分区的指标是全球淡水鱼类资源的组成和分布差异，这张生态分区图使从前没有被关注的一些生物多样性较高的区域得到重视，构建了一个新的框架体系对全球淡水生态系统进行保护，成为支撑全球和区域水生态保护工作开展的重要工具，为全球范围内大尺度水生态系统保护与修复策略的制定和实施提供了科学合理的依据。

1.3.1.6 新西兰水生态分区

新西兰河流环境分类（REC）（Snelder and Biggs，2002）在水生态分区的基础上，将景观过程、水文水动力条件等水生态分区中未考虑的控制因子纳入区划方案（表1-4），在宏观、中观和微观尺度上，考虑不同尺度上的影响因子，绘制了 1∶50 000 新西兰河流分类图，为河流管理提供了多尺度的参考框架。

表 1-4　新西兰河流环境分类主要指标体系

尺度	分类级别	类型	指标
宏观	气候变化	温暖湿润、温暖干燥、凉爽湿润、凉爽干燥	年平均温度、年平均降水量、年平均蒸散发
中观	水源	山地、丘陵、低海拔地区、湖	来自不同海拔的降水量
	地质	硬质沉积岩、软质沉积岩、基性火山岩、深成岩	各类地质类型的比例
微观	土地覆被	荒地、原始林地、牧草地、其他草地	各类土地利用类型的比例

1.3.2　国内水生态功能分区研究现状

1.3.2.1 中国水环境功能区划

1988 年，国家环境保护总局开始在全国（不包括香港、澳门、台湾）推行水环境功能区划工作。该项工作依照《中华人民共和国水污染防治法》和《地表水环境质量标准》，综合水域环境容量、社会经济发展需要，以及污染物排放总量控制的要求而划定水域分类管理功能区，包括自然保护区、饮用水源区、渔业用水区、工农业用水区、景观娱乐用水区，以及混合区、过渡区等。区划工作于 2002 年初步完成，共对我国十大流域、51 个二级流域、600 多个水系、5737 条河流（河流长度总计 29.8 万 km）、980 个湖库（总计 5.2 万 km²）进行了水环境功能区划。在形成的 12 876 个水环境功能区中，河流功能区 12 482 个、湖泊功能区 394 个，基本覆盖了环境保护管理涉及的水域并设置了相应的控制断面，共有监测断面 9000 余个，已形成了数字化的全国水环境功能区划系统的基本框架。

1.3.2.2 中国水功能区划

2000 年 2 月，水利部开始组织实施全国七大流域（片）的水功能区划工作(图 1-1)。区划工作目前按照两级基本划分方法进行：一级区划分为保护区、缓冲区、开发利用区和保留区 4 个区；在一级区划的基础上，将开发利用区再划分为饮用水源区、工业用水区、农业用水区、渔业用水区、景观娱乐用水区、过渡区和排污控制区 7 个二级分区。全国选择 1407 条河流、248 个湖泊水库进行区划，共划分保护区、缓冲区、开发利用区、保留区等水功能一级区 3122 个，河流总长度 209 881.7km。在全国 1333 个开发利用区中，共划分水功能二级区 2813 个，河流总长度 74 113.4km。2002 年 4 月，水利部正式批准在全国试行水功能分区工作，为编制全国水资源保护规划和进行水资源管理提供了重要依据(表 1-5)。

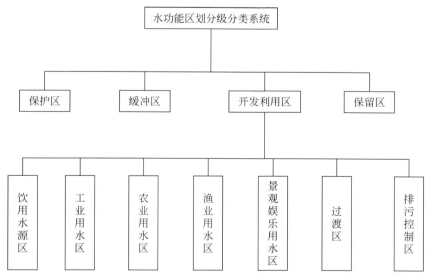

图 1-1 中国水功能区划二级分区体系

表 1-5 水利部水功能区划及方法

类型	项目	具体内容
基本要求	目的	合理开发和有效保护水资源，并确保发挥最佳效益
	工作内容	确定各水域主导功能及功能顺序，确定水域功能不遭破坏的水资源保护目标，并根据功能定位划分控制单元
	工作前提	以流域为单元；因地制宜，提出考虑水资源自然属性的空间差异性

类型	项目	具体内容
前提规则	区划依据	流域水资源开发利用现状、社会需求
	适宜范围	境内河流（包括运河和渠道）、湖泊、水库
	功能定位	以主导功能为主，兼顾其他多种功能
	原则	可持续发展原则；统筹兼顾、突出重点的原则；前瞻性原则；便于管理、实用可行原则；水质水量并重原则
区划技术方法	分级分类系统	以水量和水质为共同目标划分的两级格局，一级区划从宏观上解决水资源开发利用与保护的问题，主要协调地区间用水关系，长远考虑可持续发展的要求，包括保护区、保留区、开发利用区和缓冲区；二级区划主要协调用水部门之间的关系，包括饮用水源区、工业用水区、农业用水区、渔业用水区、景观娱乐用水区、过渡区、排污控制区
	区划范围与指标	阐述了各功能区类型的定义、范围及判断的指标和水质标准。其中功能区划分指标：①保护区，包括集水面积、保护级别、调（供）水量等；②缓冲区，包括跨界区域及相邻功能区间水质差异程度；③开发利用区，包括水质、产值、人口、用水量、排污状况；④保留区，包括产值、人口、用水量；⑤饮用水源区，包括人口、取水总量、取水口分布等；⑥工业用水区，包括工业产值、取水总量、取水口分布等；⑦农业用水区，包括灌区面积、取水总量、取水口分布等；⑧渔业用水区，包括渔业生产条件及生产状况；⑨景观娱乐用水区，包括景观娱乐类型及规模；⑩过渡区，包括水质与水量；⑪排污控制区，包括排污量、排污口分布
	资料收集	社会经济、自然条件、水资源开发利用现状、相关地方性法规与规划、水质现状及排污情况等。其中一级区划以省级行政区为单位，二级区划以地级市为单位
	资料分析与评价	归纳出有利于改变水资源开发利用的自然环境条件和制约因素；找出改变经济发展的主导方向与主要问题；着重分析区域发展对水资源需求密切相关的指标；分析评价相关区域的水资源量和可开发利用状况
	区划程序	一级区划程序按照先易后难的规则：首先划定保护区，然后划定缓冲区和开发利用区，最后划定保留区；二级区划程序的规则：首先确定各开发利用功能区，然后协调与平衡各功能区的位置和长度等，最后考虑与规划衔接，检查所划功能区的合理性，进行适当的调整

1.3.2.3　中国淡水鱼类区划

1981 年，李思忠完成了中国淡水鱼类区划。该区划根据中国淡水鱼类科属阶元在空间上的分布特征，分成北方区、华西区、宁蒙区、华东区和华南区 5 个一级区。在此基础上，根据鱼类属种阶元空间分布特征进一步划分成 21 个二级亚区。对于鱼类在空间上差异性规律的成因，李思忠（1981）从气候、水文、地貌等角度给出了解释。中国淡水鱼类区划的提出，使得国内学者在国家层面上对淡水生态系统在空间上的分布规律有了一定的了解，为我国淡水生态系统进化、来源和分布规律的研究提供了线索。

1.3.2.4　中国生态功能区划

随着人们对生态系统服务功能重要性认识的提高，维持生态系统完整性，确保各种生态功能的正常发挥成为管理部门的一项重要任务。因此，开展基于生态功能差异的分区研究成为我国生态区划的一个重要发展方向。生态功能区划是指根据区域生态环境要素、生态环境敏感性与生态服务功能重要性的空间分异规律，将区域划分为不同生态功能区，目的是辨析区域主要生态环境问题，确定优先保护生态系统和优先保护地区，为制定区域生态环境保护与建设规划、维护区域生态安全以及资源合理利用与工农业生产布局、保育区域生态环境提供科学依据。2000 年国务院印发了《全国生态环境保护纲要》，其中第 24 条规定"各地要抓紧编制生态功能区划，指导自然资源开发和产业合理布局，推动经济社会与生态环境保护协调、健康发展"。2001 年国家环境保护总局会同有关部门组织完成了西部地区生态环境现状调查，以甘肃省为试点开展了生态功能区划。2002 年国务院西部地区开发领导小组办公室、国家环境保护总局组织中国科学院生态环境研究中心编制了《生态功能区划暂行规程》，用以指导和规范各省（自治区、直辖市）开展生态功能区划。徐继填等（2001）根据序列划分、相对一致性、主导生态系统、区域生态系统共轭性、县级行政单元完整性等原则，把全国划分为 12 个一级区（生态系统生产力区域）、64 个二级区（生态系统生产力地区），区划结果反映出中国生态系统生产力存在明显的等级阶梯分布，而且这种阶梯分布与中国的地貌轮廓三级台阶有良好的关联。目前，全国各省域生态功能区划已完成，主要是根据生态系统的特征、生态服务功能的重要程度以及区域面临的生态环境问题和生态敏感性，把特定区域划分为自然生态区、生态亚区和生态功能区三个等级单元。例如，贾良清等（2005）以安徽省域尺度生态系统为对象，在生态受胁迫过程、生态环境敏感性、生态服务功能等指标评价的基础上，形成了安徽省生态功能区划方案，将安徽省分为 5 个生态区、16 个生态亚区、47 个生态功能区。此外，辽宁等省也已经开展了生态功能区划，将辽宁省划分为 4 个生态区、15 个生态亚区、47 个生态功能区，并提出了生态服务功能重要区域（万忠成等，2006）。祝志辉和黄国勤（2008）对江西省进行了生态区划，将江西省划分为 4 个生态区、13 个生态亚区和 45 个生态功能区。生态功能区划的方法目前也形式多样，但无外乎是首先运用遥感和 GIS 技术进行相关资料的数字化处理，生成一系列相同比例尺的生态环境现状、生态环境敏感性和生态服务功能重要性评价图。在此基础上，采取定性分区与定量分区相结合的方法，利用计算机图形空间叠置法、相关分析法、专家集成等方法，按生态功能分区的等级体系，通过自上而下的划分方法进行分区划界。

1.3.2.5 重点流域水生态功能区划

在水体污染控制与治理科技重大专项支持下，10 余家高校和科研院所在松花江、海河、淮河、辽河、东江、黑河、赣江、太湖、滇池、洱海、巢湖 11 个流域进行了水生态长期观测，识别了流域层面不同尺度水生态区域分异规律，建立了水生态功能 1~4 级分区体系，开展了流域层面水生态功能区划分。李翔等（2013）在 GIS 技术支持下，采用多指标叠加分析和专家判断方法，划分出辽河流域水生态功能分区方案。许莎莎（2012）以GIS 和 SWAT 水文模型为主要技术手段，通过空间叠置法、多变量空间分析法筛选并确定了黑河流域水生态功能分区指标和方法。孙然好等（2013）通过分析海河流域的陆地和水生态系统特点，运用地貌类型、径流深、年降水量、年蒸发量等指标将海河流域划分为 6 个一级区；运用植被类型和土壤类型的空间异质性将海河流域划分为 16 个二级区；从水资源调节功能、水环境调节功能、生境调节功能、河流类型 4 方面指标出发，自下而上聚类和人工判读相结合，得到 73 个三级区；选取蜿蜒度、比降、断流风险、盐度 4 个指标，通过空间聚类分析、空间融合、拓扑查错和人工判读，最终将海河流域划分为 428 个四级区。高俊峰等（2019）以太湖和巢湖为案例，深入探讨了湖泊型流域水生态功能分区等级体系、方法体系和指标体系，建立了湖泊型流域水生态功能分区理论。高喆等（2015）以滇池流域为例，基于生态功能区划的生态系统服务功能、尺度效应、地域分异规律等理论，以 1~4 级分区反映自然地理差异、人类干扰差异、水生物生存空间差异、水生物生境差异为目标，通过空间聚类将滇池流域划分为 5 个一级区、10 个二级区、23 个三级区、41 个四级区。以上区划方面的研究工作，无论是从理论层面还是技术层面，都为全国水生态功能区划工作的开展提供了重要基础。

1.3.3　水生态功能分区在国外管理中的应用

（1）在水环境标准制定中的应用

水生态区方法在一般水质管理和监测中应用最为广泛，约占相关研究的 40%，主要是利用水生态区来推广水质管理的理论和方法，或者反映广泛的水质管理问题。美国阿肯色州研究人员把水生态区方法应用于水质的可达效用分析（UAA）之中，发现利用水生态区在水质标准制定中非常有效，特别是制定与溶解氧和指示鱼类相关的标准，这项研究促进了水生态区划体系在水质管理中的应用。阿肯色州（Rohm et al.，1987）、艾奥瓦州（Rowe et al.，2009）、内布拉斯加州（Heatherly et al.，2014）、俄亥俄州（Larsen et al. 1986）、俄勒冈州（Hughes et al.，1986；Whittier et al.，1988）、得克萨斯州（Rebich et al.，2011）和华盛顿州（Black et al.，2004）等许多州的州资源管理机构使用水生态区来建立水质标准、生物学标准和非点源污染管理目标。

（2）在河流监测和生物评价中的应用

1976~1998 年，美国流域水质管理的 53 类不同研究中除了其中的两类外，其他的研究都使用的是 USEPA 水生态区结构。一般情况下，水生态区在流域水质管理的应用主要集中在区域监测点的选择或生物标准的确定。参考区域是指用来定量化河流生态系统的健康程度，为河流相互比较建立基准和标准的那些受人类干扰程度最小的区域。在河流生物监测评价方面，水生态区是挑选受人类干扰程度最小的河流参考区域的有效手段。USEPA 在佛罗里达州基于水生态区来确定河流生物监测的参考区域，结果表明水生态区是一个有效的方法，Hughes 等（1990）认为参考区域还可以为不同流域之间的水生态系统对比研究提供手段。加拿大生态区研究者利用生态区来评估加拿大环境状况，制定保护区战略和生物多样性监测。WFD 中提出以水体+生态区为基础确定地表水的等级，为选择区域监测参考点和恢复受损水域提供标准，确定保护恢复目标。

（3）在湖库营养物标准和控制中的应用

水生态区是搜集湖库群数据和确定湖库营养物标准的有效方法。湖库生产力及生物群落与水生态区存在着密切的联系，原因在于湖库生产力和营养状况是由气候、地形、土壤、地质、土地利用及其他因素共同决定的。由于湖库生态系统的空间特征差异，USEPA 发现不能在全国使用统一的湖库营养物标准，建立基于生态区的标准更适合于湖库管理，于是美国在 1998 年颁布了制定区域营养物基准的国家政策，2000 年发布了湖库营养物基准制定导则，2000 年以后颁布了 14 个水生态集合区的湖库营养物基准等，为美国湖泊、水库的有效管理提供了有力的支持。

（4）在湿地生态保护与修复中的应用

水生态区在描述湿地特征以及评价人类活动对湿地的影响方面具有重要作用。Preston 和 Bedford（1988）研究证明，USEPA 水生态区是开展湿地影响评价的有效方法，特别是为评价湿地对于工程累积影响效应的缓解作用提供了环境特征背景，水生态区结构与水文单元结构的相互结合，将更有利于开展淡水湿地的缓解作用的研究。Bedford（1996）在湿地标准的研究中，指出湿地管理需要在更大的时空尺度上进行，有必要把湿地标准的尺度范围从个别工程扩展到景观层次，而水生态区正是建立这种大尺度湿地标准的适宜区域单元。

（5）在水生生物多样性保护中的应用

使用水生态区可以对水生生物区系的分布状况进行研究。例如，世界淡水分区依据全球淡水鱼类资源的组成及分布差异，将全球划分为 426 个生态区，用于世界淡水生物多样性保护。

Whittier 等（1988）检验了俄勒冈州水生态区和水生生物区系之间的对应关系，通过确定小流域水生态系统的基本特征与 8 个水生态区之间存在的一致性程度，发现水生态区是大尺度流域水生生物分类和管理的有效结构。

1.4 水生态功能分区与现有管理分区的关系

国家不同管理部门根据各自管理需求制定了不同管理分区方案，如水利部颁布实施的水功能区划方案、生态环境部颁布实施的生态功能区划方案、国家发展和改革委员会颁布实施的主体功能区划方案等。水生态功能分区在基本概念、法律依据、管理作用、分区目的、分区原则、分区体系、分区指标和分区方法等方面均有所不同（表 1-6）。

表 1-6 水生态功能分区与水功能分区、生态功能分区和主体功能分区的差异性比较

差异性	水生态功能分区	水功能分区	生态功能分区	主体功能分区
基本概念	是指具有相对一致的水生态系统结构、组成、格局、过程和功能的水体及影响其的陆域组成的区域单元	是指根据流域或区域水资源状况、水资源开发利用现状以及不同地区、不同用水部门对水资源的需求，同时考虑水资源的可持续利用，在江河湖库等水域划定具有特定功能的水域	是指根据区域生态环境要素、生态环境敏感性与生态服务功能重要性的空间分异规律，将区域划分为不同生态功能区	是指在对不同区域的资源环境承载力、现有开发密度和发展潜力等要素进行综合分析的基础上，以自然环境要素、社会经济发展水平、生态系统特征以及人类活动形式的空间分异为依据，划分出具有某种特定主体功能的地域空间单元

续表

差异性	水生态功能分区	水功能分区	生态功能分区	主体功能分区
法律依据	无	《中华人民共和国水法》	生态功能区划主要是根据《全国生态环境保护纲要》编制的。国务院发布的《全国生态环境保护纲要》中明确指出，"各地要抓紧编制生态功能区划，指导自然资源开发和产业合理布局，推动经济社会与生态环境保护协调、健康发展"	《中共中央关于制定国民经济和社会发展第十一个五年规划的建议》和《中华人民共和国国民经济和社会发展第十一个五年规划纲要》明确指出，各地区要根据资源环境承载力、现有开发密度和发展潜力，统筹考虑未来我国人口分布、经济布局、国土利用和城镇化布局，将国土空间划分为优化开发、重点开发、限制开发和禁止开发四类主体功能区，按照主体功能定位调整完善区域政策和绩效评价，规范空间开发秩序，形成合力的空间开发结构
管理作用	水生生物保护物种、健康评估、基准标准制定、生境保护与恢复的依据	依据《地表水环境质量标准》，确定各功能区水质保护标准等级	生态功能定位	产业准入、产业结构调整、区域经济发展模式、重大工程的准入
分区目的	目的是科学统筹水陆相互关系及水资源、水环境、水生态系统特征，了解流域不同区域的水生态特征，明确水生态功能要求，确定生态保护目标，提出针对性的分区管理措施。	目的是根据水域的自然属性，结合社会需求，协调整体与局部的关系，确定该水域的功能及功能顺序，为水域的开发利用和保护管理提供科学依据，以实现水资源的可持续利用	目的是明确各类生态功能区的主导生态服务功能以及生态保护目标，划定对国家和区域生态安全起关键作用的重要生态功能区域。按综合生态系统管理思想，改变按要素管理生态系统的传统模式，分析各重要生态功能区的主要生态问题，分别提出生态保护主要方向。以生态功能区划为基础，指导区域生态保护与生态建设、产业布局、资源利用和经济社会发展规划，协调社会经济发展和生态保护的关系	目的是根据经济社会可持续发展的要求和各区域的现实条件和发展潜力，对各区域按其功能定位、发展方向和模式加以分类，以便建立起开发强度等级差别控制的空间开发管制方案，以此作为实现区域协调发展的基础，促进形成有序有度、整体协调的空间开发格局

续表

差异性	水生态功能分区	水功能分区	生态功能分区	主体功能分区
分区原则	体现了水生态系统管理思想，主要原则包括发生学原理、等级性和尺度原则、相对一致性原则、区域共轭性原则、综合分析与主导因素相结合的原则、水陆一致性原则、流域边界完整性原则	强调了水资源利用与社会经济发展的协调性和可持续性，提出了不同功能区划的水质要求，主要划分原则包括可持续发展原则、统筹兼顾突出重点的原则、前瞻性原则、便于管理实用可行的原则以及水质水量并重的原则	主要划分原则包括主导功能原则、区域相关性原则、协调原则和分级区划原则	①贯彻体现国土部分覆盖的原则，只有符合四类主体功能区标准的区域才可划入主体功能区内，不符合标准的区域待以后时机成熟、调整标准后逐步划入四类主体功能区内；②主体功能区划很大程度上要依托现有行政区划，照顾现有的行政区边界，在局部一些区域可适度突破行政区划的限制，从总体上保障主题功能区划的顺利实施；③坚持自上而下的推进原则，同时允许部分省、市先行试点进行自下而上的探索；④主体功能区划方案应满足国土空间的中长期战略性开发和布局的安排，在保持相对稳定的前提下，实现灵活的动态调整
分区体系	包括地理区、流域区和单元区 3 个层面，分为 8 级体系。其中地理区为国家宏观尺度分区，包括水生态地理大区、水生态地理区；流域区为流域尺度分区，包括水生态流域区、水生态流域亚区和水生态流域小区；单元区为区域尺度分区，包括水生态单元区、水生态单元亚区和水生态单元小区	水功能区划采用两级分区：一级分区有四类，即保护区、保留区、开发利用区、缓冲区，反映的是水资源总体功能类型的空间分布规律；二级分区有七类，即饮用水源区、工业用水区、农业用水区、渔业用水区、景观娱乐用水区、过渡区、排污控制区，是对一级区内开发利用区的进一步细分，体现了不同水资源开发利用类型的差异	生态功能区划体系总体上是以陆地生态系统功能为主导，结合陆地生态系统自然属性特征建立的。一级、二级分区分别采用国家生态分区方案来划分，三级分区则采用生态功能类型来划分，包括生物多样性保护、水源涵养和水文调蓄、土壤保持、沙漠化控制、营养物质保持和海岸带防护功能等	主体功能区划是以国家和省两级为主建立的区划体系。每一级区划体系上都体现优化开发、重点开发、限制开发和禁止开发四类主体功能区

差异性	水生态功能分区	水功能分区	生态功能分区	主体功能分区
分区指标 和分区方法	地理区主要依据地理气候因子进行划分，主要反映水生生物群落多样性的地理分布的影响规律；流域区依据气候、地形、土壤、植被、土地利用等因子进行划分，体现水生生物群落组成和功能的空间差异特征；单元区体现中小尺度生境的空间差异，依据生境因子进行划分	水功能区划的划分指标和方法与一般自然区划所使用的指标和方法不同，它并不按照统一的划分指标体系根据事先规定的划分标准通过单元聚合或分解来进行划分，水功能区划中的每种功能区类型有其特定的分区指标和标准。不同功能区类型之间所使用的划分指标并不相同，因此在划分过程中需要逐个划分功能区单元	生态功能区划是在生态环境现状评估、生态环境敏感性与生态服务功能重要性评价的基础上，分析其空间分布规律，确定不同区域的生态功能类型，最终提出生态功能区划方案。所使用的分区指标主要包括陆地生态系统特征、生态环境敏感性和生态服务功能类型，按照自上而下的分区方法完成分区方案的划定	主体功能区划尚未提出全国统一的划分指标和方法，主体功能区评价指标主要包括资源环境承载力、现有开发密度和强度、未来发展潜力等，同时还要考虑不同区域在全国国土空间开发格局中的地位和重要性

1.4.1 与水功能区的关系

1）两者的差异在于：①水功能区难以反映出水生态类型的特点，不能够识别每种功能区的水生生物结构、类型及其格局的空间差异；②水功能区划是一种水体功能类型划分，而且重点是水体使用功能的区划，目的是保障人类利用水资源的需求，尚未体现水生态系统维持自身功能的需求；③水功能区不具有尺度性，不能体现出不同尺度下的水生态系统类型与功能差异，与大尺度生态区无关联。

2）水功能区的优势：①与《地表水环境质量标准》衔接好；②已在管理中应用；③拥有法律定位。

3）水生态功能区的优势：①水生态管理的单元；②揭示了水生态系统特征及区域规律。

4）两者的相互关系在于：①两者反映了生态功能的不同方面。水生态功能区是识别水生态系统自身维持功能需求的重要手段（生物多样性维持、生境维持），而水功能区则是识水资源利用功能的重要依据。②将水生态功能区的水生态保护目标与水功能区水质目标相互综合，最终可确定水体目标，这个目标就是既能保障生态功能的发挥，也能保证水资源服务功能的发挥（图1-2）。

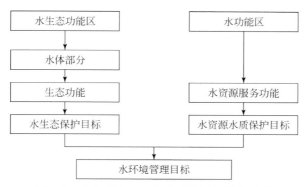

图 1-2 水生态功能区与水功能区的协作关系

1.4.2 与生态功能区的关系

生态功能区的功能类型主要包括生物多样性保护、水源涵养和水文调蓄、土壤保持、沙漠化控制、营养物质保持等。其实质是陆地生态系统的服务功能评估和识别，没有体现出水生态系统功能。水生态功能区则是注重水生生物多样性保护、生态系统生境条件维持等水生态系统功能。水生态功能区和现有的生态功能区是分别针对水生态、陆地生态所开展的工作，两者的工作思路基本相同，通过两者的结合，可以制定更加完善的水陆统筹区划体系（图 1-3）。

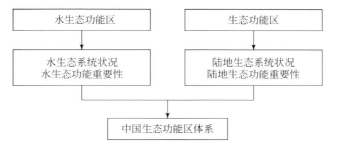

图 1-3 水生态功能区与生态功能区的协作关系

1.4.3 与主体功能区的关系

主体功能区着重从"合理开发"角度对不同区域优化开发、重点开发、限制开发和禁止开发的主体功能进行定位，对开发秩序进行规范，对开发强度进行管制，对开发模式进行调整，期望通过明确区域主体功能，建立和完善人口转移、财政支付转移和政绩考核等多种政策手段，对区域社会经济发展和产业布局进行指导。主体功能区涵盖了水体、大气、生态、土壤等自然区划和经济区划的综合空间管理单元，是实现水生态系统保护目标的重要保障手段与措施形式。水生态功能区从水生态功能目标出发确定陆域管理策略的基本单元，是完善及补充主体功能区的重要基础和依据之一。

第 2 章 全国水生态系统特征分析

2.1 全国水生态环境总体情况

《2016 中国环境状况公报》《中国生态环境状况公报》（2017～2019 年）显示，"十三五"期间全国地表水环境质量呈现逐年好转的趋势。2019 年，全国地表水监测的 1931 个水质断面（点位）中，Ⅰ～Ⅲ类（简称优Ⅲ类）水体占 74.9%，较 2016 年上升 7.1 个百分点；劣Ⅴ类水体占 3.4%，较 2016 年降低 5.2 个百分点。

2019 年，长江、黄河、珠江、松花江、淮河、海河、辽河七大流域和浙闽片河流、西北诸河、西南诸河监测的 1610 个水质断面中，优Ⅲ类水体占 79.1%，较 2016 年上升 7.9 个百分点；劣Ⅴ类水体占 3.0%，较 2016 年降低 6.1 个百分点（图 2-1）。主要污染指标为化学需氧量、高锰酸盐指数和氨氮。2019 年长江、浙闽片河流、西南诸河、西北诸河水质为优，珠江水质为良好，黄河、松花江、淮河、海河、辽河为轻度污染。

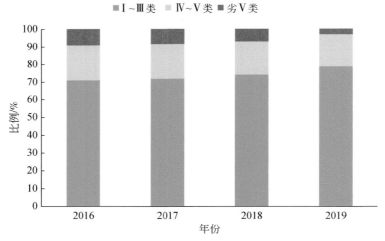

图 2-1　2016～2019 年七大流域和浙闽片河流、西北诸河、西南诸河水质总体情况

长江流域 2019 年水质为优，优Ⅲ类水体比例由 2016 年 82.3% 上升到 91.7%。黄河流域 2019 年水质为轻度污染，优Ⅲ类水体比例由 2016 年 59.1% 上升到 72.9%。珠江流域 2019 年水质为良好，优Ⅲ类水体比例为 86.0%，较 2016 年有轻微下降。松花江流域 2019 年水质为轻度污染，优Ⅲ类水体比例由 2016 年 60.2% 上升到 66.4%。淮河流域 2019 年水质为轻度污染，优Ⅲ类水体比例由 2016 年 53.3% 上升到 63.7%。海河流域 2019 年水质为轻度污染，优

Ⅲ类水体比例由 2016 年 37.3% 上升到 51.9%。辽河流域 2019 年水质为轻度污染，优Ⅲ类水体比例由 2016 年 45.3% 上升到 56.4%。浙闽片河流 2019 年水质为优，优Ⅲ类水体比例由 2016 年 94.4% 上升到 95.2%。西北诸河 2019 年水质为优，优Ⅲ类水体比例由 2016 年 93.5% 上升到 96.8%。西南诸河 2019 年水质为优，优Ⅲ类水体比例由 2016 年 90.5% 上升到 93.6%（图 2-2）。

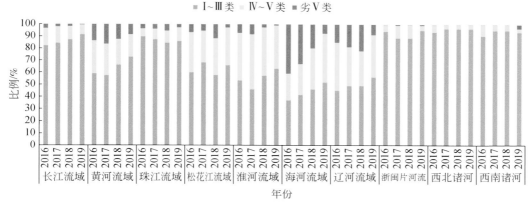

图 2-2 2016～2019 年七大流域和浙闽片河流、西北诸河、西南诸河水质情况

2019 年，开展水质监测的 110 个重要湖泊（水库）中，优Ⅲ类湖泊（水库）占 69.1%，比 2018 年上升 2.4 个百分点；劣Ⅴ类占 7.3%，比 2018 年下降 0.8 个百分点。主要污染指标为总磷、化学需氧量和高锰酸盐指数。开展营养状态监测的 107 个重要湖泊（水库）中，贫营养状态湖泊（水库）占 9.3%，中营养状态占 62.6%，轻度富营养状态占 22.4%，中度富营养状态占 5.6%（图 2-3）。

图 2-3 2016～2019 年湖库营养状态情况

2.2 全国水生生物多样性及其分布格局

2.2.1 水生生物多样性研究的理论基础和方法

2.2.1.1 α 多样性

群落内的多样性被称作 α 多样性（Whittaker，1960，1972）。通常情况下生物多样性是基于物种丰富度（richness）的指数，也就是对物种数量（Whittaker，1972；Lande，1996；Purvis and Hector，2000）进行评价。功能多样性反映了生物体在群落和生态系统中的分布范围与作用，考虑了物种之间的互补效应和冗余程度（Díaz and Cabido，2001；Petchey and Gaston，2006），因此相对于物种多样性，功能多样性可以更好地预测生态系统生产力和稳定性（Hulot et al.，2000；Heemsbergen et al.，2004）。研究物种多样性只需要知道简单的物种数量和不同物种的个体数就可以进行相关指数的计算，研究功能多样性却需要描述在一个多维功能空间中性状点位置的集合（每一个坐标轴对应一个性状），每一个点代表一个个体或物种（Schleuter et al.，2010）。生态学家们提出了多种评价功能多样性的方法，其中有两种方法认可度较高：一种是基于几种行为或形态特征（如食物特点、捕食方法、生境偏好等）定义不同的功能团（functional groups），然后将观测到的物种分配到不同的功能类别（Bremner et al.，2003；Stevens et al.，2003；Petchey and Gaston，2006），将这些数据与传统的物种多样性指数（Shannon 指数、Simpson 指数等）结合在一起进行分析。另一种是基于对每一个物种的特殊功能性状进行测量，从而计算功能多样性。这种方法保证了测量的精准度（Bremner et al.，2003；Petchey and Gaston，2006），但是性状值比功能团信息更加难以获得，如通过鱼类的摄食习性要比通过测量它们的体长、体高、胃长等对鱼类进行分类要容易得多。因此本书选择第一种适用于宏观分析的方法作为功能多样性评价的技术方法。

功能丰富度代表了功能空间被群落中物种填充的程度。Cornwell 等（2006）提出将凸包体积（convex hull volume）作为测量一个群落占据功能空间大小的指标。这个凸包实际上就是能够包含群落中所有物种的最小凸包，同时也包含在整个功能空间里面。因此，如果有两个物种 a 和 b 在这个凸包里面，它们的坐标（也就是性状值）分别是（$xa1$，$xa2$，$\cdots$，xaT）和（$xb1$，$xb2$，$\cdots$，xbT），那么任何坐标（$Kxa1 + (1-K) xb1$，$Kxa2 + (1-K)xb2$，$\cdots$，$KxaT + (1-K) xbT$）（其中 $0 \leqslant K \leqslant 1$）的假设物种也都会在这个凸包里面。这种测量空间占有率的方法可以运用在多维范围，任何性状值介于已知的两个物种的性状值之间的物种都将会包含在这个凸包体积内。因此，Villéger 等（2008）提出将凸包体积值作为功能丰富度的多维测量方法（Barber et al.，1996）进行计算。功能丰富度不受物种多度的影响，也不会因为凸包内部物种的变化而变化，只受到构成凸包外围的物种变化的影响（图 2-4）。功能离散度（FDiv）和功能均匀度（FEve）也是功能多样性的另外两个重要指标，其值介于 0～1；而功能丰富度（FRic）没有最大值限制，因为它量化的是功能空间的绝对体积,只依赖于性状的数量和单位。因此,本节选取功能丰富度作为研究指标。

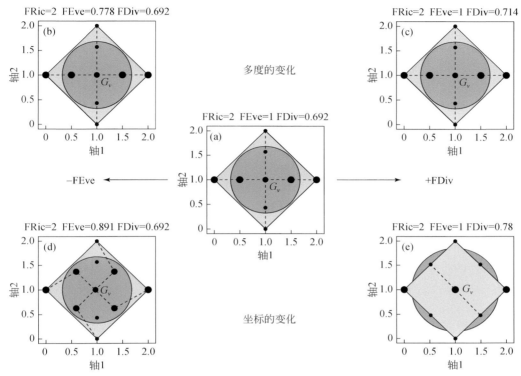

图 2-4 物种的变化(d,e)和相对多度的变化(b,c)对功能离散度(FDiv)和功能均匀度(FEve)的关系

2.2.1.2 β 多样性

群落之间的多样性差异被称作 β 多样性,α 多样性只适合研究群落内物种组成结构的变化情况,却没办法对集合群落中群落之间的相互作用关系进行分析,因此需要使用新的多样性指数,即 β 多样性。β 多样性是生物多样性保护的一个关键组成,最简单的含义就是两个群落之间物种组成的差异百分比(Koleff et al.,2003)。在以往的群落多样性研究中,生物多样性几乎被等同于物种组成,然而生物多样性的定义是生命各个方面的多样性(Purvis and Hector,2000)。对于大部分的 β 多样性指数来说,当群落没有相同物种时达到最大值(Koleff et al.,2003)。

Baselga(2010)将种类 β 多样性(taxonomic β diversity)分解为种类周转(taxonomic turnover)和种类嵌套(taxonomic nestedness-resultant)两部分,进一步细化了改变 β 多样性大小的决定因素。种类周转反映了两群落间的物种差异;种类嵌套则反映了在两群落具有共有物种的前提下两者间的物种数量差异。例如,一个高水平的 β 多样性可以是两种截然不同的情况。它可以是两个群落拥有非常少的共有物种,而造成很高的种类周转比例和很低的种类嵌套比例。相反，也可以是两个群落间物种丰富度差别很大，物种贫乏的群落属于物种丰富群落的子集，从而造成很低的种类周转比例和很高的种类嵌套比例。Villéger 等（2013）提出了将以 Jaccard 相似系数计算种类 β 多样性的方法，Baselga（2010）提出了将 β 多样性分解为周转和嵌套组分的方法，成功地解决了上述问题。

两群落（以 C1 和 C2 表示）物种组成差异的比例：种类 β 多样性=群落 C1 和 C2 独有物种数之和/所有物种数，C1 和 C2 共有物种以 a 表示，C1 独有物种数以 b 表示，C2 独有物种以 c 表示，则两群落的物种丰富度（以 S 表示）为 $S(C1)=a+b$ 和 $S(C2)=a+c$，群落间物种组成的差异使用 Jaccard 相似系数（Carvalho et al., 2012）表示

$$种类\ β\ 多样性=\frac{b+c}{a+b+c}=\frac{S(C1)+S(C2)2\times S(C1\cap C2)}{S(C1)+S(C2)S(C1\cap C2)} \tag{2-1}$$

当两群落拥有的物种完全相同（即 $b=c=0$）时，多样性值为 0，当两群落没有共有物种（即 $a=0$）时，多样性值为 1。然而当一个群落物种数远远大于另一个群落物种数（即 $a+\min(b,c)<<a+\max(b,c)$）时，多样性也非常接近最大值 1，因此 β 多样性值大小不仅取决于两群落间的种类周转还取决于两群落物种丰富度的差异程度。基于此，Baselga（2010）提出将种类 β 多样性分解为种类周转和种类嵌套两部分的方法，从而更准确地描述 β 多样性的改变机制

$$\frac{b+c}{a+b+c}=\frac{2\times\min(b,c)}{a+2\times\min(b,c)}+\frac{|b-c|}{a+b+c}\times\frac{a}{a+2\times\min(b,c)} \tag{2-2}$$

当一个群落物种完全包含在另一个群落里（$b=0$ 或 $c=0$）时，种类周转值为 0；当两群落没有共有物种（$a=0$）时，种类周转值为 1。当两群落拥有的物种数相同（$b=c$）或者相互独立时（$a=0$），种类嵌套值为 0；当一个群落物种包含在另一个群落里且数量无限小于后者（$\max(b,c)>>a>\min(b,c)=0$）时，种类嵌套无限向 1 靠近（Baselga, 2010；Villéger et al., 2013）。

功能 β 多样性及其周转和嵌套组成计算利用物种功能性状或者对其进行主坐标轴分析（PCoA）从而建立多维坐标系，构建群落的多维功能空间，再结合群落的物种组成就可以对功能多样性进行测量（Villéger et al., 2008）。一个群落中不同的物种具有的功能性状组成不同，因此每一个物种在所构建的功能空间中都对应一个位置坐标，将所有最外围的坐标点连接起来构成的凸包体积就是这个群落的功能丰富度，这个凸包包含了群落中所有物种对应的点。与种类 β 多样性类似，两群落（C1 和 C2）的功能 β 多样性=独有的功能空间/总体的功能空间。以 $V(C1)$ 和 $V(C2)$ 表示两群落的凸包体积，则

$$功能\ β\ 多样性=\frac{V(C1)+V(C2)-2\times V(C1\cap C2)}{V(C1)+V(C2)-V(C1\cap C2)} \tag{2-3}$$

由式（2-3）可以看出，基于凸包体积的功能 β 多样性公式和基于物种数的 Jaccard 相似系数公式十分相似。因此，功能 β 多样性也可以通过 Baselga 模型分解为两部分：功能周转和功能嵌套。类似于公式 $a=V(C1\cap C2)$，$b=V(C1)-V(C1\cap C2)$，$c=V(C2)-V(C1\cap C2)$，则功能 β 多样性可以分解为以下公式：

功能 β 多样性=功能周转+功能嵌套

$$功能周转 = \frac{2 \times \min(V(C1), V(C2)) - 2 \times V(C1 \cap C2)}{2 \times \min(V(C1), V(C2)) - V(C1 \cap C2)} \quad (2\text{-}4)$$

$$功能嵌套 = \frac{|V(C1) - V(C2)|}{V(C1) + V(C2) - V(C1 \cap C2)} \times \frac{V(C1 \cap C2)}{2 \times \min(V(C1), V(C2)) - V(C1 \cap C2)} \quad (2\text{-}5)$$

功能 β 多样性、功能周转和功能嵌套值的范围都是 0 ~ 1。当功能 β 多样性值为 0 时，意味着功能周转和功能嵌套值均为 0，说明两群落的功能空间完全重叠，即 $V(C1) = V(C2) = V(C1 \cap C2)$（图 2-5）；当功能 β 多样性值接近最大值 1 时，会出现以下几种情况：①高的功能周转（功能空间几乎没有重叠，$V(C1 \cap C2) \approx 0$）；②高的功能嵌套（其中一个功能空间远远小于另一个功能空间且包含其中，$\min(V(C1), V(C2)) = V(C1 \cap C2) << \max(V(C1), V(C2))$）；③高的功能周转和功能嵌套。

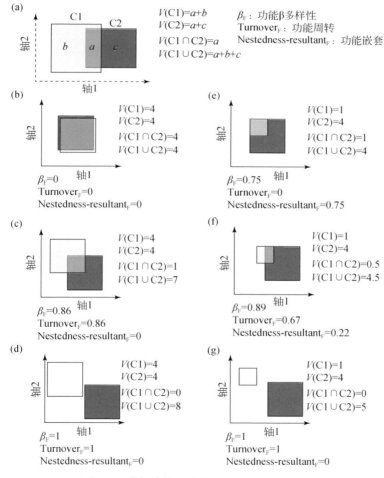

图 2-5　分解功能 β 多样性的二维框架模型

资料来源：Villéger 等（2013）

2.2.1.3　多样性的形成与维持机制理论

（1）气候因子假说

气候因子假说认为，良好的气候条件会有较多的物种适应生存，也会有较高的生物多样性。Whittaker（1960）认为，生物多样性是从极地和高山气候向热带低地气候增加，在温带，由海洋性气候向大陆性气候增加，因此，气温、水分因子等及其时空变化对生物多样性影响很大（蒋有绪和刘世荣，1993）。在山地雨林中，不同类型植物的组成和多样性，随海拔的不同而不同（安树青等，1999）。Richerson 和 Lum（1980）证明加利福尼亚州植物多样性与气候和地形相关性最强。在中高降水量地区，树种多样性随海拔的升高而降低，Beardall 等（1998）认为温差大小对区域物种多样性的影响最大；Kadmon 和 Danin（1999）认为降水的空间变化对植物物种的影响很大。

（2）生境异质性假说

物理环境或生物环境复杂的生境将提供更多的生态位，出现较高的多样性，就大地形来说，山区比平原的地形复杂，生境类型较多，物种多样性较高（张金屯，1995）。

（3）历史假说

历史假说主要是由动物地理学家和古生物学家提出的"地质干扰史"理论，假定所有群落随着时间都将趋向于多样化，所以较古老的群落有较多的物种（Jeffries，1990）。

（4）能量假说

物种多样性被物种之间能量分割所限制，系统获得越多的太阳能，气候越稳定，面积越大，其生物多样性也就越高（Wilson，1992）。在大尺度范围内，温带地区的树种与实际蒸散相关（Currie and Paquin，1987）。Currie（1991）在研究北美大尺度格局中动物和植物多样性时得出结论，北美陆栖脊椎动物，包括兽类、鸟类、爬行类和两栖类与潜在蒸发量呈强正相关性。而树木的多样性更与实际蒸发量呈强相关，潜在蒸发量和实际蒸发量都是环境可获得能量的度量，但是也有研究指出，美国的潜在蒸发量是中国的 1.08 倍，但维管植物的目、科、属、种分类单位上，中国分别是北美的 1.08 倍、1.16 倍、1.39 倍、1.62 倍（Qian and Ricklefs，1999），能量假说并不能解释中国与美国物种多样性不同的原因。

（5）干扰假说

干扰是作用于生态系统的一种自然的或人为的外力，它使生态系统的结构发生改变，使生态系统动态过程偏离其自然的演变方向和速度，其效果可能是建设性的，也可能是破坏性的（周晓峰，1999；刘艳红和赵惠勋，2000）。一定程度的干扰阻止竞争排斥，干扰可以阻止一个或少数种在竞争中占优势，因此许多理论认为干扰在维持物种多样性方面具有重要作用。而中度干扰理论则假定物种丰富度在中度干扰水平时最大，并且已有大量的野外观察和数学模型得以印证（Abugov，1982；Miller，1982）。对干扰与异质性的研究又常常是联系在一起的，因为干扰是空间和时间异质性的主要来源之一（Armesto and Pickett，1985），自然或人为干扰对物种多样性的影响是通过改变生境的异质性以及种间的竞争平衡，从而形成特殊的生境来实现的。

2.2.2 全国水生生物数据收集

(1) 物种组成信息收集

物种组成信息主要收集于以下几个方面：

1）正式出版的鱼类、水生植物系统分类学和区系分类学著作，如《中国动物志·硬骨鱼纲》《中国植物志》各卷册以及主要的鱼类、湿生与水生植物专志等。

2）新种和野外调查文章。

3）FishBase、Catalog of Fishes、中国淡水鱼类物种鉴别专业数据库、中国动物主题数据库、中国植物物种信息数据库等数据库。

(2) 物种分布信息收集

物种分布信息主要收集于以下几个方面：

1）有关中外淡水鱼类和水生植物相关著作、期刊文献和资源数据库，记录其中的县级采集地信息。文献类型和各类文献数量统计见表 2-1。

表 2-1 中国淡水鱼类和水生植物分布信息来源

文献类型	类别	数目	总数
中文文献	著作	102	920
	期刊文献	818	
外文文献	著作	133	757
	期刊文献	624	
鱼类资源数据库			5
总数			1682
时间跨度			1758～2014 年

2）国内主要鱼类标本馆馆藏标本采集信息，包括中国科学院动物研究所、中国科学院水生生物研究所和中国科学院昆明动物研究所鱼类标本馆标本县级采集地信息。

2.2.3 全国鱼类物种多样性及其分布格局

2.2.3.1 淡水鱼类物种多样性整体特征

经对鱼类学著作和数据库中记录的物种信息的考证，我国现有内陆水域鱼类 1133 种，隶属于 19 目 54 科 286 属。以鲤形目（Cypriniformes）为主（图 2-6），包括 838 种，占总数的 73.96%。其次是鲇形目（Siluriformes），包括 113 种，占总数的 9.97%。鲈形目（Perciformes）再次，包括 88 种，占总数的 7.77%。此外，鲑形目（Salmoniformes）32种，占总数的 2.82%；鲉形目（Scorpaeniformes）9 种，占总数的 0.79%；鲟形目（Acipenseriformes）8 种，占总数的 0.71%；鳗鲡目（Anguilliformes）和鲻形目（Mugiliformes）

7 种，占总数的 0.62%；鳉形目（Cyprinodontiforme）和颌针鱼目（Beloniformes）5 种，占总数的 0.44%；鲀形目（Tetraodontiformes）4 种，占总数的 0.36%；七鳃鳗目（Petromyzoniformes）、鲱形目（Clupeiformes）和鲽形目（Pleuronectiformes）各 3 种，占总数的 0.26%；鳕形目（Gadiformes）、刺鱼目（Gasterosteiformes）和合鳃鱼目（Synbranchiformes）各 2 种，占总数的 0.18%；鲼形目（Myliobatiformes）和骨舌鱼目（Osteoglossiformes）各 1 种，占总数的 0.09%。

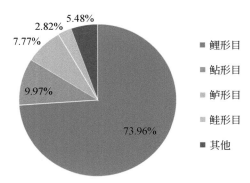

图 2-6　中国淡水鱼类目级水平物种组成

科级水平（图 2-7），以鲤科（Cyprinidae）为主，包含 578 种（亚种），占总数的 51.02%。鳅科（Cobitidae）次之，包括 180 种，占总数的 15.89%。平鳍鳅科（Homalopteridae）再次，包括 77 种，占总数的 6.80%。鮡科（Sisoridae）48 种，占总数的 4.24%；鲿科（Bagridae）和虾虎鱼科（Gobiidae）各 41 种，占总数的 3.62%。以上 6 个科包括的物种总数超过我国淡水鱼类物种总数的 85.19%。

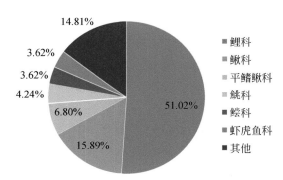

图 2-7　中国淡水鱼类科级水平物种组成

其中鲤科共包括 12 个亚科，其中以鲃亚科（Barbinae）为主，包括 120 种，占该科物种总数的 20.76%。其次为鮈亚科（Gobioninae），共 99 种，占该科物种总数的 17.13%。每个亚科的物种数见图 2-8。

属级水平，种类排在前 11 位的属分别是：高原鳅属（*Triplophysa*）、裂腹鱼属（*Schizothorax*）、金线鲃属（*Sinocyclocheilus*）、光唇鱼属（*Acrossocheilus*）、条鳅属

（*Nemacheilus*）、白鱼属（*Anabarilius*）、四须鲃属（*Barbodes*）、白甲鱼属（*Onychostoma*）、鲤属（*Cyprinus*）、鳅鮀属（*Gobiobotia*）和南鳅属（*Schistura*）。前 11 位属的种数见图 2-9。

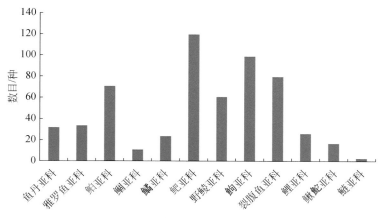

图 2-8　鲤科中各亚科的物种数目

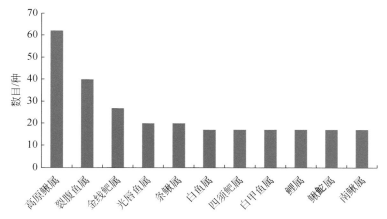

图 2-9　中国淡水鱼类种数前 11 位的属

　　本书也分析了每个目已知分布于中国的内陆水域鱼类种数占世界该目已知内陆水域鱼类总种数的比例（表 2-2）。结果显示，鲤形目、鲇形目、鲟形目包括的内陆水域鱼类种数分别占世界该目内陆水域鱼类总种数的 20% 及以上。

表 2-2　淡水鱼类种数占世界该目内陆水域鱼类总种数的比例

目	科	属	种	世界总种数	比例/%
鲤形目	20	185	838	3 268	25.64
鲇形目	8	17	32	66	48.48
鲟形目	2	3	8	27	29.63
胡瓜鱼目	3	6	10	88	11.36

续表

目	科	属	种	世界总种数	比例/%
鲇形目	9	29	113	2 867	3.94
鲱形目	2	2	3	79	3.80
合鳃鱼目	1	1	2	99	2.02
鲈形目	14	39	88	10 033	0.88
刺鱼目	1	2	2	278	0.72
鲉形目	1	4	9	1 477	0.61
鳗鲡目	1	1	7	791	0.88
鲻形目	1	1	4	1 013	0.39
鳕形目	1	2	2	555	0.36

2.2.3.2 鱼类物种和功能多样性丰富度

利用 GIS 软件分析得到我国淡水鱼类多样性的分布格局，统计分析获得种数随经纬度的变化趋势（图 2-10）。种数随经度的变化表现为东经73°~100°范围内，种数急剧增多；东经100°~135°范围内，种数明显减少。种数随纬度的变化表现为北纬 18°~20°范围内，种数急剧升高；北纬 20°~30°范围内，种数变化不大；北纬 30°~55°范围内，种数明显下降。种数随海拔升高呈现明显减少的趋势，1000m 及以下的种数最多。

功能多样性随经纬度的变化趋势与物种多样性相似，随经度的变化均表现为东经73°~120°范围内，功能逐渐增多；东经 120°~135°范围内，功能减少。功能多样性表现为北纬 18°~20°范围内，急剧增多；北纬 20°~55°范围内，逐渐减少。

从全国范围内来看，随着鲤科鱼类物种丰富度的增加，功能丰富度也逐渐增加。全国 214 个水资源三级区，平均每个流域的物种丰富度为57，标准差为29（变化范围为 10~143）。

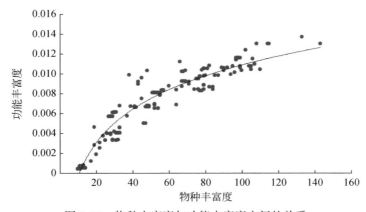

图 2-10 物种丰富度与功能丰富度之间的关系

2.2.3.3 鱼类物种和功能 β 多样性

鱼类分类学 β 多样性平均值为 0.67±0.20，变化范围在 0 ~ 0.93（表 2-3），物种周转平均水平为 0.36±0.25，物种嵌套平均水平为 0.30±0.24，两者之间只相差 0.06，物种周转水平占分类水平 β 多样性值的 53.73% 左右，物种嵌套水平占分类水平 β 多样性的 44.78% 左右。就功能 β 多样性而言，其平均值范围为 0.52±0.28，变化范围在 0 ~ 0.97，功能嵌套水平（0.45±0.32）达到功能周转平均水平（0.08±0.11）的 5 倍以上，占整个功能 β 多样性的 86.5%（±10%）。

表 2-3 分类和功能 β 多样性

指标	分类学（Taxonomic）	功能（Functional）
β 多样性（β-diversity）	0.67±0.20（0 ~ 0.93）	0.52±0.28（0 ~ 0.97）
周转（Turnover）	0.36±0.25（0 ~ 0.91）	0.08±0.11（0 ~ 0.70）
嵌套（Nestedness-resultant）	0.30±0.24（0 ~ 0.93）	0.45±0.32（0 ~ 0.97）

从全国范围内来看，分类水平 β 多样性主要呈现为北方地区比南方地区高的趋势，然而，北方不同区域的高分类水平 β 多样性却受不同的因素影响，东北及内蒙古东北部区域主要受高水平的物种周转因素影响，而内蒙古中部、新疆、甘肃及西藏大部分区域受高水平的物种嵌套因素影响，秦岭淮河以南区域的低分类水平 β 多样性主要受低水平的物种周转因素影响。就功能 β 多样性而言，呈现为从西到东逐渐降低的趋势，西部地区高水平的功能 β 多样性主要受较高的功能嵌套因素影响，而东部地区，尤其是东北地区较低的功能 β 多样性主要受低水平的功能周转因素影响。

2.2.4 全国水生植物多样性及其分布格局

2.2.4.1 水生植物多样性整体特征

已知全国水生植物有 563 种，隶属于 168 属、61 科。按照吴征镒《中国种子植物属的分布区类型》划分，全国水生植物 168 属可归纳为 15 种地理分布（表 2-4），无温带亚洲、地中海西亚至中亚、中亚分布三种类型。可以看出，全国水生植物具有世界分布和热带分布所占比例较高，而温带分布所占比例较低的特点。

表 2-4 全国水生植物属的分布区类型

分布区类型	属数	比例/%
世界分布	51	—
泛热带分布	38	32.48
热带亚洲至热带美洲间断分布	6	5.13

分布区类型	属数	比例/%
旧世界热带分布	13	11.11
热带亚洲至热带大洋洲间断分布	6	5.13
热带亚洲至热带非洲间断分布	1	0.85
热带亚洲分布	6	5.13
北温带	25	21.37
东亚至北美洲间断分布	9	7.69
旧世界温带	5	4.28
温带亚洲分布	0	0
地中海西亚至中亚分布	0	0
中亚分布	0	0
东亚分布	7	5.98
中国特有分布	1	0.85
合计	168	100

全国水生植物世界分布共 51 属,占总属数的 30.36%。热带分布共 70 属,占本区总属数(扣除世界分布属,下同)的 59.83%,其中又以泛热带分布为主,共有 38 属,占本区总属数的 54.28%,远高于其他热带分布类型,其代表属有苦草属(*Vallisneria*)、苹属(*Marsilea*)、飘拂草属(*Fimbristylis*)、水车前属(*Ottelia*)、丁香蓼属(*Ludwigia*)等。热带亚洲至热带美洲间断分布有 6 属,即凤眼蓝属(*Eichhornia*)、黄花蔺属(*Limnocharis*)、再力花属(*Thalia*)、喜盐菜属(*Halophila*)、针叶藻属(*Syringodium*)、泰来藻属(*Thalassia*)。旧世界热带分布有 13 属,即泽苔草属(*Caldesia*)、虻眼属(*Dopatricum*)、石龙尾属(*Limnophila*)、榄李属(*Lumnitzera*)、雨久花属(*Monochoria*)、水竹叶属(*Murdannia*)、梭鱼草属(*Pontederia*)、刺子莞属(*Rhynchospora*)、水鳖属(*Hydrocharis*)、水筛属(*Blyxa*)、丝粉藻属(*Cymodocea*)、波喜荡属(*Posidonia*)、水蕹属(*Aponogeton*)。热带亚洲至热带大洋洲间断分布有 6 属,即小二仙草属(*Gonocarpus*)、田葱属(*Philydrum*)、伪针茅属(*Pseudoraphis*)、水蕴草属(*Egeria*)、海菖蒲属(*Enhalus*)、黑藻属(*Hydrilla*)。

全国水生植物区系中温带分布共有 47 属,占本区总属数的 40.17%,其中以北温带分布为主,东亚至北美洲间断分布、东亚分布和旧世界温带分布次之。本区北温带分布有 25 属,比例达 53.19%,说明该分布在本植物区系中占有优势地位。其代表属有泽泻属(*Alisma*)、水毛茛属(*Batrachium*)、稗属(*Echinochloa*)、木贼属(*Equisetum*)、鸢尾属(*Iris*)、慈姑属(*Sagittaria*)、黑三棱属(*Sparganium*)等。东亚至北美洲间断分布有 9 属,占温带成分总属数的 19.15%,仅次于北温带分布,其属有菖蒲属(*Acorus*)、地笋属(*Lycopus*)、莲属(*Nelumbo*)、三白草属(*Saururus*)、王莲属(*Victoria*)、菰属(*Zizania*)、竹节水松属(*Cabomba*)、伊乐藻属(*Elodea*)、虾海藻属(*Phyllospadix*)。旧世界温带有 5 属，占温带成分总属数的 10.64%，即卤蕨属（*Acrostichum*）、扁穗草属（*Blysmus*）、花蔺属（*Butomus*）、水芹属（*Oenanthe*）、菱属（*Trapa*）。无温带亚洲、地中海西亚至中亚、中亚分布三种类型。东亚分布在本区有 7 属，即山涧草属（*Chikusichloa*）、水蜡烛属（*Dysophylla*）、蕺菜属（*Houttuynia*）、水韭属（*Isoetes*）、紫苏属（*Perilla*）、芡属（*Euryale*）、茶菱属（*Trapella*）。中国特有分布仅有 1 属，为虾须草属（*Sheareria*）。

中国水生植物多样性相对丰富（图 2-11），眼子菜科（Potamogetonaceae）、浮萍科（Lemnaceae）、小二仙草科（Haloragaceae）、水鳖科（Hydrocharitaceae）、禾本科（Gramineae）、莎草科（Cyperaceae）、香蒲科（Typhaceae）、菱科（Trapaceae）、睡莲科（Nymphaeaceae）、天南星科（Araceae）出现频次较多，而泽泻科（Alismataceae）、茨藻科（Najadaceae）、蓼科（Polygonaceae）出现频次相对较少。挺水植物种类繁多，常见的有荷花、千屈菜、菖蒲、黄菖蒲、水葱、再力花、梭鱼草、花叶芦竹、香蒲、泽泻、风车草、芦苇等。浮叶植物常见种类有王莲、睡莲、萍蓬草、芡实、荇菜等。漂浮型水生植物种类较少。沉水植物广布物种轮叶黑藻、金鱼藻、马来眼子菜、苦草、菹草等。

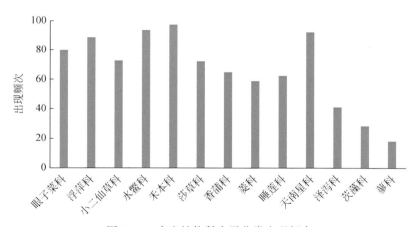

图 2-11　水生植物科水平分类出现频次

2.2.4.2　水生植物物种和功能多样性丰富度

利用 GIS 软件分析得到我国水生植物多样性的分布格局。统计分析获得种数随经纬度的变化趋势，发现种数随经度的变化表现为东经73°～100°范围内，种数增多；东经100°～134°范围内，种数减少。种数随纬度的变化表现为北纬 19°～21°范围内，种数急剧升高；北纬 20°～29°范围内，种数变化不大；北纬 30°～55°范围内，种数明显下降。种数随海拔升高而呈现明显减少的趋势，1000m 及以下的种数最多。整体特征与鱼类多样性相似。

功能多样性随经纬度的变化趋势与物种多样性相似，随经度的变化均表现为东经73°～120°范围内，功能逐渐增多；东经 120°～135°范围内，功能减少。功能多样性随纬度的变化趋势表现为北纬18°～21°范围内，急剧增多；北纬 20°～55°范围内，整体逐渐减少。与鱼类整体格局类似。

从全国范围内来看，随着水生植物物种丰富度的增加，功能丰富度也逐渐增加（图2-12）。全国214个水资源三级区，平均每个流域的物种丰富度为223，标准差为32（变化范围为88～343）。

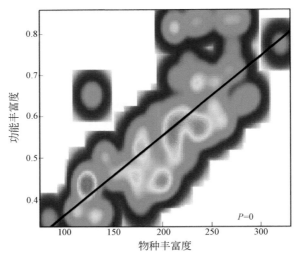

图2-12　物种丰富度与功能丰富度之间的关系

2.2.4.3　水生植物物种和功能 β 多样性

水生植物分类学 β 多样性平均值为 0.53±0.10，变化范围在 0～0.63（表2-5），物种周转平均水平为 0.36±0.29，物种嵌套平均水平为 0.13±0.20，物种周转水平占分类水平 β 多样性值的 67.9% 左右，物种嵌套水平占分类水平 β 多样性的 24.5% 左右。就功能 β 多样性而言，其平均值范围为 0.28±0.18，变化范围在 0～0.32，功能嵌套水平（0.25±0.12）达到功能周转平均水平（0.03±0.07）的 5 倍以上，占整个功能 β 多样性的 89.3%（±11%）。

表2-5　物种和功能 β 多样性

指标	分类学（Taxonomic）	功能（Functional）
β 多样性（β- diversity）	0.53±0.10（0～0.63）	0.28±0.18（0～0.32）
周转（Turnover）	0.36±0.29（0～0.50）	0.03±0.07（0～0.13）
嵌套（Nestedness- resultant）	0.13±0.20（0～0.18）	0.25±0.12（0～0.31）

从全国范围内来看，分类水平 β 多样性主要呈现为北方地区比南方地区高的趋势，然而，北方不同区域的高分类水平 β 多样性却受不同的因素影响，东北及内蒙古东北部区域主要受高水平的物种周转因素影响，而内蒙古中部、新疆、甘肃及西藏大部分区域受高水平的物种嵌套因素影响，秦岭淮河以南区域的低分类水平 β 多样性主要受低水平的物种周转因素影响。这些特点都与鱼类特征相似。就功能 β 多样性而言，呈现为从西到东逐渐增

加的趋势，东北部地区高水平的功能 β 多样性主要受较高的功能嵌套因素影响。这种特征与鱼类正好相反。

2.3 全国水生生物空间分布及其影响因素

2.3.1 物种多样性与环境因子的关系

目前，DCCA 是分析生物与环境关系最先进的多元分析技术。DCCA 是限定性排序，即在每一轮样方值和物种值的加权平均迭代运算后，用环境因子值与样方排序值作一次多元线性回归，这样得出的排序轴代表环境因子的一种线性组合，称为环境约束的对应分析。由于 DCCA 同时结合生物数据与环境数据来计算排序轴，更有利于排序轴的生态意义解释，而成为现代植被梯度分析与环境解释的趋势方法。

表 2-6 是鱼类和水生植物多样性 DCCA 前两个排序轴的典范系数。很明显，DCCA 第一轴与所有的环境因子都有很大的相关性，说明 DCCA 第一轴反映了鱼类和水生植物多样性与这些因子的一个综合梯度关系。其中，DCCA 第一轴与年降水、初级生产力、月温度、年均温等有很大的正相关性，而与纬度、海拔、年风速、年均日照、年辐射等呈负相关。DCCA 第二轴与经度、纬度、海拔等呈正相关，与年均温、年降水、湿度等呈负相关。这些环境因子与 DCCA 排序的相关性，与它们在 DCCA 排序图中的分布趋势是一致的，说明 DCCA 结果整体反映鱼类和水生植物多样性的正确性。

表 2-6 DCCA 分析结果

因子	鱼类		水生植物	
	第一轴	第二轴	第一轴	第二轴
经度	0.292	0.389	0.3630	−0.7740
纬度	−0.576	0.016	−0.7541	0.0801
海拔	−0.221	0.347	0.2021	0.6748
年均温	0.477	−0.227	0.6316	−0.3746
年降水	0.659	−0.302	0.8116	0.4502
年风速	−0.285	0.010	−0.3888	−0.0497
湿度	0.513	−0.286	0.6551	−0.4106
1 月温度	0.578	−0.115	0.7592	−0.1541
7 月温度	0.23	−0.266	0.2492	−0.5630
1 月降水	0.472	−0.204	0.5650	0.3175
7 月降水	0.597	−0.320	0.7553	−0.5464
1 月湿度	0.198	0.272	0.2038	0.4480
7 月湿度	0.544	0.305	0.7267	−0.4223

续表

因子	鱼类		水生植物	
	第一轴	第二轴	第一轴	第二轴
无霜期	0.433	0.273	0.5955	−0.4956
积温	0.357	0.259	0.4486	0.4120
温暖指数	0.361	0.265	0.4913	−0.4318
寒冷指数	0.557	0.171	0.7000	0.2787
生物温度	0.396	0.267	0.5443	−0.4474
1月日照	−0.369	0.114	−0.5837	0.0725
7月日照	−0.485	0.142	−0.6930	0.1486
年均日照	−0.543	0.187	−0.7577	0.1474
1月蒸发	0.449	0.082	0.6088	0.2331
7月蒸发	−0.379	0.110	−0.6107	0.0156
年蒸发	0.228	0.099	−0.3604	0.0364
年辐射	−0.372	0.293	−0.3934	0.5798
蒸发量	0.397	−0.267	0.5528	−0.3971
初级生产力	0.671	−0.296	0.8632	−0.3795
绝对最低温度	0.618	−0.107	0.8684	0.0636
绝对最高温度	−0.007	−0.201	−0.0176	−0.6259

就具体因子综合来看，能量因子中，影响多样性格局形成的最主要因子为水热综合特征，而日照时数长、年均太阳能辐射高的地区，往往水热条件不好，所以与生物多样性呈负相关，1月蒸发高的地区，如热带、亚热带等地，生物多样性丰富，而7月蒸发高和全年蒸发强烈的地区，如高纬度内陆或沙漠地区，生物多样性就非常低。年降水、7月降水和绝对最低温度对多样性格局形成有较大的影响，特别是中低纬度地区，对于高纬度地区和高海拔地区，主要受水分及热量条件的限制。

2.3.2 鱼类和水生植物多样性趋同性

多样性趋同适应指亲缘关系相当疏远的不同种类的生物，由于长期生活在相同或相似的环境中，接受同样生态环境选择，只有能适应环境的类型才得以保存下去。通过变异和选择，结果形成相同或相似的多样性特征的现象。DCCA反映出多样性分布格局的复杂性，同时反映出鱼类和水生植物多样性与环境因子、气候因子、能量因子和生境异质性的相关性（图2-13），同时也反映出鱼类和水生植物多样性具有趋同性，为使用单一类别生物还是全部类别生物进行地理分区提供了一种科学依据。

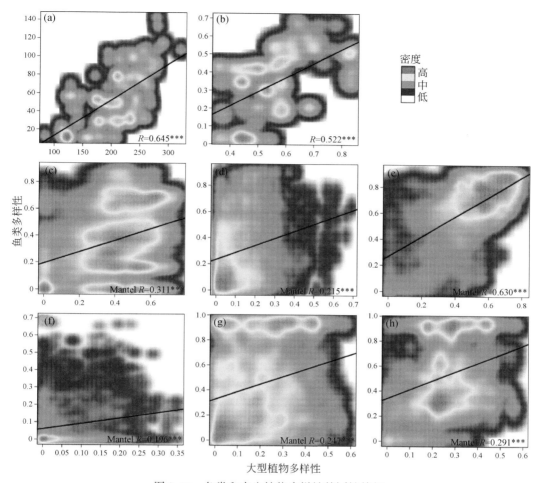

图 2-13 鱼类和水生植物多样性趋同性特征

鱼类和水生植物多样性高度相关。物种和功能多样性丰富度的相关性高达 0.5 以上，说明全国三级流域尺度下，应用一种或多种水生生物进行区系或多样性保护，可以满足保护物种多少的目的。但从物种和功能 β 多样性来看，尽管所有的趋同性均具有显著关系（$P<0.001$），但是相关性相对不高，仅有物种总 β 多样性和物种周转 β 多样性高于生态学认可的 0.3，分别为 0.63 和 0.31，其他多样性特征的相关系数均低于生态学认可的 0.3。所以，从 β 多样性来讲，考虑鱼类的生物多样性特征，能更好地反映水体生物多样性整体特征。

2.3.3 鱼类和水生植物多样性维持机制

水生生物的多样性特征反映了不同类群的相互联系，是在外界环境因素长期作用下及水生生物不断适应过程中逐渐发育和分化形成的，现有水生生物的功能特征和地理分布不仅与其本身有关，而且与其所栖息的自然环境变化是一致的，它综合反映出水生生物的形成和演化的历史。据前述分析结果，淡水鱼类分区特征要比水生植物更适合用于区划淡水区，同时在同一区内的水生植物的多样性特征也和鱼类在地理格局上有较明显的相关性。因此，认识其多样性维持机制，可以指导环境因子分区工作。

基于生物因子和非生物因子对物种多样性的影响，就物种多样性空间格局的成因提出了众多假说，主要可以分为两大类型，即生态位理论和中性理论。与生态位理论相关的假说，在过去的几十年中已经提出上百种（Palmer and White，1994），而且新的假说仍在不断出现（Brown et al.，2004；Colwell et al.，2004）。主流假说包括面积假说、能量假说、空间异质性假说等。尽管众多假说强调某一类环境因素决定了物种丰富度的地理分异，但生物多样性是众多因素相互混合作用的结果，因此应开展多因素分析，来识别哪些因素是主导因素。本书以空间异质性和能量假说为主要理论，同时将选择空间距离和面积作为控制因素（图 2-14）。

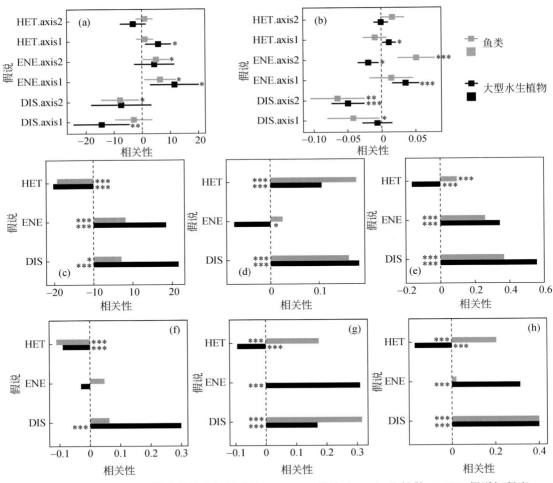

图 2-14　鱼类和水生植物多样性空间异质性（HET）、能量（ENE）和扩散（DIS）假说解释度

能量假说和空间异质性假说增加丰富度，而扩散假说抑制丰富度；能量假说和扩散假说是β多样性增加的决定因素，而异质性假说对鱼和水生植物作用效果总体相反。这样进一步说明，从物种和功能β多样性来看，尽管所有的趋同性均具有显著关系，但是相关性相对不高，仅有物种总β多样性和物种周转β多样性较高，而其他多样性特征的相关系数均较低。

能量假说影响说明最重要的环境因子就是水分和热量，在热量上，均温、光照、降水对多样性的影响更为显著。多样性分布格局与中国初级生产力的分布具有一致性。在生境异质性上，如降水、热量、海拔变化大的地区，多样性高，而扩散距离的增大会降低各种多样性特征。

2.4 小　结

1）"十三五"期间全国地表水环境质量呈现逐年好转的趋势，全国优Ⅲ类水体比例由2016年的67.8%上升到2019年的74.9%，劣V类水体比例由2016年的8.6%下降到2019年的3.4%。2019年长江、浙闽片区、西北诸河和西南诸河水质为优，珠江水质为良好，黄河、松花江、淮河、海河、辽河流域为轻度污染。开展营养状态监测的湖泊（水库）中，贫营养状态湖泊（水库）占9.3%，中营养状态占62.6%，轻度富营养状态占22.4%，中度富营养状态占5.6%。

2）鱼类α多样性指数在全国呈现南高北低的趋势，而β多样性与此相反。水生植物α多样性在全国范围内总体变化趋势与鱼类类似，物种数变化不大。鱼类与水生植物的功能水平β多样性均低于分类水平β多样性，两者分别受物种周转和功能嵌套水平影响。通过对鱼类和水生植物的DCCA多元分析，鱼类和水生植物多样性具有趋同性，它们与环境因子、气候因子、能量因子和生境异质性之间具有相关性，支持了能量假说、异质性假说等不同生态学假说对生物多样性形成和维持具有影响作用的观点。

| 第 3 章 |　　水生态功能分区理论与体系

3.1　水生态系统概念与基本特征

3.1.1　水生态系统概念

　　水生态系统是由水生生物与水环境共同构成的具有特定结构和功能的动态平衡系统（马骁骁，2011）。水生态系统不仅为水生生物提供栖息地，对地球的环境具有重要的调节作用，而且也与人类的生存生活密切相关，为人类提供水资源和水产品，具有重要的生态服务功能（欧阳志云和王如松，2000）。水生态系统包括水生生物、水环境、物理栖息地和水资源等要素（图3-1），可以分为河流生态系统、湖库生态系统和湿地生态系统三种类型。

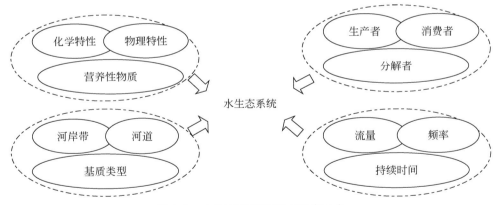

图 3-1　水生态系统的基本要素示意

（1）河流生态系统

　　河流是一定区域内由地表水或地下水补给，经常或间歇地沿着地表狭长凹地流动的水流。河流生态系统指河流水体及其周围环境形成的生态系统类型，属流水生态系统的一种，它是陆地与海洋联系的纽带，在生物圈的物质循环中起着主要作用。河流生态系统由河道、河岸带和河口生态系统等组成。河道系统在河流中呈狭长网络状，包括干流以及各级支流等。河道系统具有输沙、输水、泄洪、提供生物栖息地、接纳污染物和防止海水入侵等功能。河岸带属于水陆交错带，指河流水陆交界处的两边，直至河水影响消失为止的地带，具有明显的边缘效应，是最复杂的生态系统之一，对水陆生态系统间的物流、能流、信息流和生物流等发挥廊道、过滤器和屏障作用功能。河口生态系统是融淡水生态系统、海水生态系统、咸淡水混合生态系统、潮滩湿地生态系统、河沙洲生态系统为一体的复合生态系统。河口具有生产物质、净化环境、调节水循环及消浪减灾、调节大气、维持生物多样性、成陆造地等服务功能。

河流生态系统具有以下几个特点：①具有纵向成带现象，但物种的纵向替换并不是均匀地连续变化，特殊种群可以在整个河流中重复出现；②生物大多具有适应急流生境的特殊形态结构，表现在浮游生物较少，底栖生物多具有体形扁平、流线性等形态或吸盘结构，还具有适应性强的鱼类以及丰富的微生物；③与其他生态系统相互制约、关系复杂，一方面表现为气候、植被以及人为干扰强度等对河流生态系统都有较大影响，另一方面表现为河流生态系统明显影响沿海（尤其河口、海湾）生态系统的形成和演化；④水陆交换强烈，自净能力强，受干扰后恢复速度较快。

（2）湖库生态系统

湖泊是地表洼地积水形成的水面宽阔、流速缓慢的水体。水库是指利用天然地形并修建水工建筑物所形成的人工湖泊。湖库生态系统是湖库内以及湖库外所有生物与其环境之间不断进行物质循环和能量流动而形成的统一体，包括生物群落和无机环境。

湖库生态系统的特点是水体速度缓慢，换流周期较长，且不与大洋直接相通。湖库生态系统与河流生态系统存在显著的差别，引起河水运动的主要原因是重力梯度，而湖水主要靠风力和热对流运动。在同样的地理条件下，湖水的化学组成及矿化度不同于河流，尤其是深水湖泊产生的分层现象，其矿化度一般较河水高。此外，湖库生态系统存在缓慢老化和富营养化的过程。这是由于湖库生态系统作为流域的接收器，沉积物的沉积、营养盐的富集，导致湖盆、库盆被逐渐填平及营养物逐步积累和初级生产力增加。之后，深水动植物群落与高级鱼类逐步变种、消失，浮游藻类大量繁殖，加以流入湖体、库体的泥沙和生物残体的淤积，使湖床、库床逐渐抬高，潮水不断变浅，日积月累，逐步使湖泊、水库完成向富营养型过渡，进而转化为沼泽，直至最后消亡。

（3）湿地生态系统

自然湿地生态系统是未经人类改造或利用的湿地生态系统，主要指沼泽生态系统。沼泽生态系统是以木本和草本植物群落为主，蕴藏大量水分和气体而构成的低湿、泥泞、海绵胶状陆地植被自然生态系统，是客观的自然复合体（综合体），是处于水域和陆地过渡形态的自然体。人工湿地生态系统是以人为活动所产生的常年积水（如鱼塘），或者季节性积水地段（如水田为主），生物群落和无机环境构成的统一体，一般用于为社会经济系统提供食物供给，受人为控制较强，具有高度的开放性。

自然湿地生态系统（这里主要指沼泽生态系统）一般呈连片或间断性分布，但不呈地带性分布；地表没有积水；以莎草科、禾本科、菊科植物种群为主，伴生有乔木、灌木、苔藓、地衣和藻类种群；土壤松软，呈低湿泥泞、海绵胶状结构；土壤矿质元素丰富，肥力较高；动物以两栖类、爬行类、水禽等种群较多，兽类较少；地下水位季节变化较大；自然生产能力高；在调节区域水文和气候、保护物种多样性等方面作用巨大。人工湿地系统一般分布比较集中，离居民地距离较近。水文状况除具有当地的水循环特征（如降水影响）外，主要受人类活动的调控和制约；动植物种类比较单一，优势种类突出，大多为经济物种，如经济鱼类和高产水稻；具有重要的水文调节功能和巨大的社会经济价值。

3.1.2 水生态系统基本特征

3.1.2.1 具有形态连续性

水生态系统在纵向上是个线性系统，由源头集水区的第一级溪流起，向下流经各级河流，形成了一连续、流动、独特而完整的系统，其他水生态系统散落在各级河流周围。这种由上游的诸多小溪、湖库、湿地至下游的大河、湖库、湿地的连续，不仅指地理空间上的连续，更重要的是生物学过程及其物理环境的连续。按照河流连续体概念（river continuum concept，RCC）理论，不规则的线性河流单向连接，下游流域中的水生态系统过程同上游水生态系统直接相关，使得水生态系统特征的预测成为可能。

Welcomme（2011）认为，从事低等级水生态系统的研究人员应通过继续探讨水–陆界面和输入系统的外来物质的来源与流向，重点研究横向关系，其保护战略应以保持完整的或恢复输入物所基于的植被为目标；中等级水生态系统的保护策略应针对纵向过程的维持或保护；在较大的水生态系统，其重点应围绕系统的横向过程管理。

3.1.2.2 具有尺度差异性

水生态系统是由社会、经济与自然组成的复杂系统，与外界存在着物质与能量的交换，其结构与功能、生态单元组成、组成单元之间、自适应与进化能力、动力学特性均具有鲜明的复杂性特征，增加了生态系统研究工作的难度。尺度则成为研究这些复杂系统的有效手段，并有助于整合生态学知识与研究成果的核心轴线（吕一河和傅伯杰，2001；傅伯杰，2001）。

尺度的选择至关重要，尺度选择的不同会导致对水生态格局与过程及其相互作用规律不同程度的把握，影响研究成果的科学性与实用性。按照空间尺度可将水生态系统从大到小划分为生态区、流域、河流、河区、河段和斑块（图3-2）。

在对水生态系统结构和功能的影响方面，宏观尺度的影响因素作用范围大（大于几十平方千米）、周期长（数百年或数千年），它们决定着水生态系统的空间特征，这些宏观尺度的影响因素包括区域地质和气候等的自然特征以及人类长期的土地利用方式。中微观尺度的影响因素相对于宏观尺度的作用是不稳定的，而且作用范围小，这些中微观尺度的影响因素包括流量、泥沙输送、河道形态、坡度、河岸带栖息地环境等，在短期内（数年或数十年）影响水生态系统的特征，这些中微观尺度的因素也同时受到宏观尺度因素的影响（王西琴等，2007）。不同类型的生物也对不同时空尺度上的干扰具有响应特征（表3-1），藻类表现出中微观尺度变化特征，对中微观尺度干扰更为敏感；鱼类则表现出相对较大尺度的变化特征，对更大尺度的干扰较为敏感。

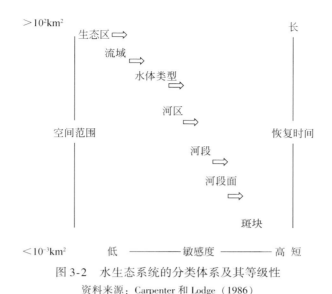

图 3-2　水生态系统的分类体系及其等级性

资料来源：Carpenter 和 Lodge（1986）

表 3-1　流域内不同生物特征及其时空尺度

生物特征	时间尺度	空间尺度
藻类	数天至数星期	平方米
大型无脊椎动物	数月至一年	几百平方米
大型水生植物	数年	几百平方米
鱼类	数年	平方千米
河岸植被	数十年	无尺度
陆地植被	数十年	无尺度

3.1.2.3　表现出四维特性

水生态系统是四维的系统，即纵向、横向、垂向和时间向。

纵向上，水生态系统是一个线性系统，从上游到下游。横向上，水生态系统指河流与河滩、湿地、死水区、河岸等周围区域的连接关系。垂向上，与水生态系统发生相互作用的垂直范围不仅包括地下水对各类型水生态系统水文要素和化学成分的影响，还包括生活在下层土壤中的有机体与各类型水生态系统的相互作用。时间上，水生态系统的演进是一个动态过程，是随着降水、水文变化及潮流等条件在时间与空中扩展或收缩的动态系统。水域生境的易变性、流动性和随机性表现为流量、水位与水量水文周期变化及随机变化，表现为水生态系统形态的变化、生物群落演替等。

3.1.2.4 具有开放性与脆弱性

水生态系统是开放的，与外界其他生态系统物质、能量流动比较频繁。区域水文、土壤、气候相互作用，形成了水生态系统的主要环境因素。每个因素的改变，都或多或少地导致生态系统的变化，当生态系统受到自然或人为活动干扰时，生态系统稳定性受到一定程度的破坏或改变，进而影响生物群落结构，改变水生态系统的原生态特性。易变性是水生态系统脆弱性表现的特殊形态之一，当水量减少至干涸时，水生态系统演替为陆地生态系统；反之，陆地生态系统又演化为水生态系统。因此，水文条件决定了"水生态系统—陆地生态系统"的互变状态，但这种状态在一定程度上不存在可逆性。

3.2 水生态功能及主要影响过程

3.2.1 水生态功能概念和内涵

生态系统服务功能的概念最初于 20 世纪 70 年代提出，主要是指自然生态系统对人类的"环境服务功能"，包括害虫控制、昆虫传粉、渔业、土壤形成、水土保持、气候调节、洪水控制、物质循环与大气组成等。之后，Costanza 等（19997）对生态系统服务功能进行了较为系统的研究，将其分为 17 项功能并进行评估，该研究掀起了生态系统服务功能评估的热潮，且为以后的评价奠定了基础。由于生态系统的复杂性，了解过程、功能、产品和服务之间的相互支撑关系，是理解生态系统功能内涵的基础。Serafy（2015）认为生态系统的服务和功能的含义存在差异，需要从形式上进行区分，如他认为水调节是水生态系统服务，水文调节是水生态系统功能。de Groot 等（2002）则对生态系统功能、产品和服务之间的关系进行了探讨，在此基础上建立了一套评价生态系统功能、产品和服务的标准框架体系，将生态系统功能分为调节功能、栖息地功能、生产功能和信息功能。之后Groot 又针对自然生态系统和亚自然生态系统的景观服务功能与社会经济利益的评价框架进行了研究，其中增加了承载功能，并将服务类型扩展到 30 项。联合国千年生态系统评估（Millennium Ecosystem Assessment，MA）将生态功能分为支持、供给、调节、文化四类，并指出支持功能是产生其他生态系统服务功能所必需的功能，该体系自提出后得到广泛应用，Wallace 等（1996）、Egoh 等（2007，2008）和 Hein 等（2016）均采用了 MA 的分类方法。

我国也有不少学者对水生态系统的功能进行了分类、评价。蔡庆华等（2003）认为水生态系统功能包括生态系统产品和生态系统服务，并将淡水生态系统服务分为供水、水能、水生生物、环境效益。赵同谦等（2003）认为依据水生态系统提供服务的消费与市场化特点，可以把水生态系统的功能划分为产品生产功能和生命支持系统功能两大类，并且对这两类功能进行了细分。栾建国和陈文祥（2004）用四维框架模型对水生态系统的结构特征和独特的服务功能进行了描述，并将水生态系统功能主要分为淡水供应、水能提供、物质生产、生物多样性维持、生态支持、环境净化、灾害调节、休闲娱乐和文化孕育等。王欢等（2006）将水生系统功能划分为提供产品功能、调节支持功能、文化功能三大类，也就是包括了生态系统的自然生态功能和社会服务功能。彭静等（2008）将水生态系统功能分为通道作用、过滤与屏障作用、源汇作用、栖息地功能等。肖建红等（2008）根据Costanza等提出的生态系统服务功能概念，将水生态系统功能分为水生态系统产品和水生态系统服务，其中包括了Costanza等提出的17项功能中的15项。

3.2.2　水生态功能主要影响过程

本书建立的水生态系统功能分类体系旨在强调水生态系统过程及功能的生态效应。水生态系统包括水文水动力、营养元素循环、生物生态、社会服务四大过程，可以从上述过程出发为水生态系统功能分类提供依据。

3.2.2.1　水文水动力过程

水文水动力过程是水生态系最为重要的生态过程，也是其他过程的主要载体。由于流经地区在气象、水文、地貌和地质条件上存在差异，水文水动力学过程表现出时空差异性，既构造了流域内的不同类型水体，也决定了流态、流速、流量、水质以及水文周期等的多样性，并最终影响着水生态系统功能的发挥。

水文过程的作用表现在：①塑造流域地貌形态以及河道形态；②改变下垫面条件，影响土壤类型和植被类型的形成；③决定下垫面的土壤侵蚀状况，改变泥沙传输过程；④影响生物地球化学过程（营养物传输过程），还与其他环境因子、生物因子共同作用于水生态系统的生物地球化学循环过程，影响系统中元素循环与转化、物质的滞留和去除、污染物净化、沉积物拦截等功能；⑤直接决定着河道水动力学过程，影响水生生物栖息地条件；⑥间接影响生态过程，水生生物发育、演化，鱼类产卵、洄游的水文条件。

水文过程通过调节水生态系统植被、营养动力学和碳通量之间的相互作用而影响着水生态系统的发育与演化，改变并决定着水生态系统下垫面性质及特定的生态系统响应，因此水文过程在各类型水生态系统的形成、发育、演替直至消亡的全过程中都起着直接而重要的作用（邓伟和胡金明，2003）。水文状况制约着水生态系统土壤的诸多生物化学特征，进而影响着水生态系统生物区系的类型、生态系统结构和功能等（Mitsch et al.，1979），还与其他环境因子、生物因子共同作用于水生态系统的生物地球化学循环过程，影响着系统中元素循环与转化、物质的滞留和去除、污染物净化、沉积物拦截等功能。

3.2.2.2　营养元素循环过程

营养元素循环包括物质循环和元素循环，是很相似的过程，是生物地球化学过程的简化，可以简单地描述为物质从水体、土壤或大气到植物，到植物残体，到分解质后，再回到水体、土壤或大气，还应加上动物，这样使得过程变得更加复杂，生物地球化学循环可分为封闭循环和开放循环，前者是指在生命体和其附着基质（如土壤）间的循环。发生于生态系统内部各组分间的植物营养元素的吸收、积累、分配及归还等过程称为生物循环，它以其强度大和速度快为主要标志；把生态系统视作一个黑箱，注意力集中在输入和输出上，很少涉及其内部相互关系的数量化，称为地球化学循环。后者则是指大气、生命体及其附着基质间的循环。

土壤有机质含量反映了海拔与纬度差异，而这种差异进而又反映在以土壤为生长环境的植物群落上。因此，在水生态功能区划中可以考虑土壤中有机质含量的差异。当然，土壤有机质含量只是生态过程对生态功能区划的一种中端表现形式，植物呼吸速率、微生物呼吸速率为前端表现形式，生物群落类型及数量、特征物种、生物量为末端表现形式，它们都可以反映某一地区有机质生产过程的程度，都可以作为水生态功能区划的重要指示指标。

营养元素循环的速率在空间和时间上是有很大变化的，影响循环速率最重要的因素有：①循环元素的性质，即循环速率由循环元素的化学特性和被生物有机体利用的方式不同所致；②生物的生长速率，这一因素影响着生物对物质的吸收速率和物质在食物链中的运动速率；③有机物分解的速率，适宜的环境有利于分解者的生存，并使有机体很快分解，迅速将生物体内的物质释放出来，重新进入循环。不同的水生态系统类型营养元素循环速率往往不同，如河流生态系统的循环速率往往大于湖泊生态系统；同一类型水生态系统也存在时空差异，如夏季的湖泊生态系统营养元素循环速率通常比秋冬季快。因此某一营养元素的循环速率与循环动态，甚至循环模式，通常反映了不同水生态系统的类型，体现了区域特征差异，可作为水生态功能分区的重要参照。

水生态系统能够提供氮、磷等营养物质，并且是营养物质和化学元素循环的媒介，生物通过养分存储、内循环、转化等一系列循环过程，促使生物与非生物环境之间的元素交换，维持生态过程。水生物从周围环境中吸收的化学物质除了自身需要的营养物质之外，还包括不需要或者有害的化学物质，污染物质通过一系列生物化学过程，其形态、化学组成和性质发生变化，最终实现净化。河流通过水面蒸发和植物蒸腾作用可以增加区域空气湿度，有利于空气中污染物质的去除，调节大气中 CO_2 和 O_2 的平衡。

3.2.2.3 生物生态过程

河流和湖泊是水生生物的栖息地。作为生态系统的物质生产者和消费者，水生生物在整个水生态系统中扮演了极其重要的角色。不同类型、强度的水文过程和营养元素循环过程会对水生态系统产生不同的影响，最终作用于生物过程及其响应形式。因此，水域及陆域的生物种群结构、种群密度、特征物种和稀有种生存状况都可以反映某一地区独特的水文与营养物质循环过程，是流域及水域各类活动和过程的最终作用结果。例如，较浅的河岸带或逆水区域能够为生物提供哺育和避难的场所，因此这里一般有较多的鱼类物种和较大物种的幼体；反之，若某一区域水流比较湍急、经常受到流量波动的影响，往往生物多样性较低，但可能会出现稀有物种或特征物种。这种生物响应过程表现形式各异，在水生态功能分区中具有重要的指示意义。

河流生态系统在结构上存在纵向、横向、垂向及时间分量特征，这种时空差异性使得河流生态系统为生物提供多种生境，从而产生不同的生物群落。河流生态系统多种多样的生境不仅为各种生物物种提供了繁衍生息的场所，还为生物进化及生物多样性的产生与形成提供了条件，同时还为天然优良物种的种质保护及其经济状况的改良提供了基因库。

不同级别河流的生物响应过程表现出不同的差异性。根据 RCC 理论（Vannote et al., 1980），河流生态系统纵向上可划分为：①低级别河流，由于森林郁闭度高和基质的不稳定，自身的初级生产量小，主要的能量来自异源性的有机物输入，生产–呼吸率比值（P/R）小于 1；②中等级别河流，由于森林郁闭度低且水浅，具有较高的自源初级生产能力，主要的能量来自大型水生植物和周丛生物，$P/R>1$；③高级别河流，由于水深且混浊，自源初级生产量较低，主要的能量来自上游河段的细有机颗粒物（FPOM），$P/R<1$。与之相对应，在河流的源头，粉碎者同收集者一样重要。粉碎者利用枯叶及相关的生物质来制造粗颗粒有机物（CPOM）。收集者则通过从水中过滤或者从沉积的细有机颗粒物（FPOM）和特细粒状有机物（UPOM）中收集来获得它们的食物。这些食物都已经被粉碎者进行了加工。在河流的中游，收集者和食草者同为主宰。在更低的河段，无脊椎动物则主要由收集者组成。这种差异性可为分区提供科学的依据与指示，也可作为评判分区结果的一种参照。

3.2.2.4　社会服务过程

水生态系统的直接功能及其价值普遍受到人们的重视，这些社会服务功能直接关系到人类的生活、生产和各种活动（图 3-3），包括土地利用、水资源利用等。社会服务过程支持着流域信息及承载功能，为人类提供休闲文化、居住地、水产品、水能发电、运输、水供给等服务。

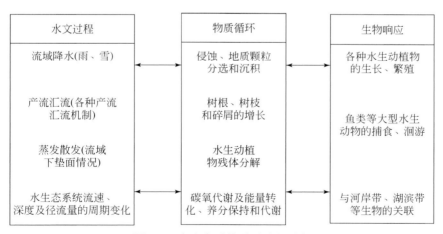

图 3-3　水生态系统重要过程示意

3.2.3　水生态功能分类

在水文水动力、生物生态、生物地球化学、社会服务四大过程的支撑下，水生态系统发挥着调节、支持、信息和承载四类服务功能（图3-4）。水生态系统具有的整体性特征决定了这些功能之间并不是彼此孤立的，而是由多方面单项功能相互联系、相互影响、相互制约的复杂整体功能（李恩宽，2009）。

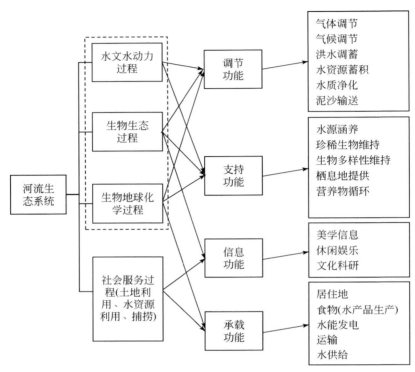

图 3-4　水生态系统服务功能分类体系

调节功能是水文过程、生物地球化学过程以及各种生物过程共同作用产生的（de Groot et al.，2002），是水生态系统为了维持自身系统健康，对其周围环境条件进行调节的基本能力。调节功能提供了各种服务，如气体调节、气候调节、洪水调蓄等，如河流利用自身的生物生态过程，通过初级生产和次级生产产生营养物和物质资源，进行生物控制；生物地球化学过程决定着河流中氮磷等营养物质的结构，以及 CO_2 和 O_2 的含量，从而实现河流的气体调节、气候调节和水质净化等服务功能。

支持功能是水生态系统的基础功能。从生物生态过程出发，分析水生态系统支持功能，包括水源涵养、生物多样性维持、栖息地提供、营养物循环等。支持功能是维持生态系统基本生态过程的功能，是保证调节功能、信息功能和承载功能得以实现的先决条件。

信息功能指人类通过精神感受、知识获取、主观印象、消遣娱乐和美学体验从生态系统中获得的非物质利益的能力（陈尚等，2006），它与社会服务过程有关，信息功能包括美学信息、休闲娱乐、文化科研等。这些服务受人类活动过程的影响，反过来又反映长期以来人类生命过程和自然生态系统过程的演变与进化情况。

大部分人类活动（如耕种、居住和运输）是需要空间和适宜的基质与介质的（de Groot，2006），水生态系统的承载功能受人类活动及社会经济状况的影响，其持续能力是有限的，包括为人类提供居住地，能量，工业用水、农业用水、生活用水，支持耕种、采矿及运输等人类活动，此外河流还承担着处理人类产生的各种废弃物的重任。

水生态功能可分为区域尺度和汇水区尺度功能两类。区域尺度功能以调节功能和水源涵养、生境维持、重要生态系统类型保护、土壤保持、生物多样性维持、城市支撑和农业支撑等功能，主要在 2～5 级区体现。汇水区尺度功能包括物种维持、生境维持、生物多样性维持和服务功能维持等功能，主要在 6～8 级区体现。

3.3　生境要素对水生态系统的影响机制分析

3.3.1　气候

3.3.1.1　气候及其特征指标

气候是长时间内气象要素和天气现象的平均或统计状态，时间尺度为月、季、年、数年到数百年以上。气候以冷、暖、干、湿这些特征来衡量，通常由某一时期的平均值和离差值表征。气候因子作为生态系统非生物环境的重要组成部分，在维持生态系统结构功能、生态系统平衡方面起着重要的作用。气温与降水是气候的两大主要指标。

3.3.1.2　气候对水生态系统的影响

（1）气温对水生态系统的影响

气温变化直接控制着水体中水文、生态条件，改变大气水文循环，导致降水和蒸发等要素在强度与空间分布等方面的变化，从而对物种的格局及水生态系统产生影响，进而导致水生态系统组成和功能的改变。

（2）降水对水生态系统的影响

大气降水与水循环、河川总径流量和地表水资源量有着密切的联系，是气候变化中影响水资源的直接因子之一。大气降水与水资源分布的相关性，决定着物种的分布、生态过程和动力学过程。

3.3.1.3　气候指标主要表现尺度

气温、降水量等气候因子是水生态系统的基本因子，属宏观背景型指标，其作用及影响范围较大，宏观尺度上作用范围大于几千平方千米，周期在数百年及数年之间，决定着水生态系统的空间特征，体现大尺度的水生态系统地域空间分布，经常作为大尺度水生态功能分区的重要指标。

3.3.2 地形地貌

3.3.2.1 地形地貌及其特征指标

地形地貌对水生态系统的影响主要是通过改变温度、降水和水文等，影响水生水物的生境，从而间接地对物种空间分布格局、水生态系统产生影响。地形对水文气候的影响有着多样的形式，有大地形的影响，也有小地形的影响；有高度的影响，也有坡度、坡向的影响。地形指标主要包括高程、坡度、坡向、地形类型等。地貌是动力、物质、时间的产物，表征流域地貌的指标有定性指标和定量指标两类。定性指标主要是指表征流域地貌平面形态、横纵剖面形态的文字性指标，定量指标主要包括高程、地貌类型等。

3.3.2.2 地形地貌对水生态系统的影响

（1）高程对水生态系统的影响

高程指地面某点沿铅垂线方向到大地水准面的垂直距离。高程是重要的地形因子之一，对温度、降水和水文都有一定的影响，在一般气象学中已有很多研究。不同的高程有着明显的水热差异，生长于水热条件适应的植物类型，发育着不同的土壤，从而影响作物布局、土地利用方式等一系列变化。高程和相对高差不仅反映一个地区地貌发育规律，而且对植被生长特点、农业活动范围、农业结构产生巨大影响。因此，高程通过对温度、降水和水文的影响，对物种的分布、淡水生态系统的类型、空间分布格局和生态过程有着一定的作用。

（2）坡度对水生态系统的影响

坡度是指坡的斜面与水平面的夹角，是局部地表高度变化的比率指标，可表征地表单元陡缓的程度。坡度与流域水循环相关，对气候、地表径流、水文过程以及生化过程有一定的影响。坡度的大小直接影响流域地表的物质流和能量再分配，以及流域土壤发育、植被分布，制约着流域生态环境格局，从而影响着淡水生态系统的结构和功能。

（3）坡向对水生态系统的影响

坡向是指局部地表坡面法线在水平面上的投影与正北方向的夹角。坡向对日照时数和太阳辐射强度有影响，一般而言，南坡辐射收入最多，北坡辐射收入最少。坡向对降水的影响十分明显，背风坡较迎风坡年降水量少。坡向影响流域地面光热资源的分配，决定地表径流流向，这些都与物种的空间布局、生态系统结构和功能相关。

（4）地形类型对水生态系统的影响

地形在大、中尺度上影响水文情势及侵蚀和沉积物传输。地势决定了河流的流向，使河流由高处向低处流。同时，地形类型、地势落差、坡度决定了河流流速、支流发育情况。在河流上游段，多为地势陡峭的山区，坡陡落差大，河流流速大、水流急，河道汇流较快，洪水过程陡涨陡落冲刷强，往往河道狭窄，多峡谷，有丰富的水能资源；中游落差与流速减少，冲刷与淤积都不严重，河床多为粗砂；下游流经平原地区，地势低平，河道展宽，多曲流，以淤积为主，河床多细砂或淤泥，一般河网密布，流速平缓，水量丰富的河段有利于航运、灌溉。地形还会影响河流性质，山地型河流一般河流短促，富水能，航运、灌溉等水利效益低；平原型河流一般流速缓慢，水量稳定，航运灌溉价值高。地形对水系形态也有较大影响，如三面高一面低的地形，往往形成扇形水系，如海河水系。地形不仅能直接影响河流，还能影响降水。例如，四川盆地西部的峨眉山地，可抬升气流，形成地形雨，成为中国著名的多雨中心，使岷江水量骤增，成为长江支流中水量最多的一条河流。

（5）地貌类型对水生态系统的影响

地貌对气候既有间接影响也有直接影响，受地貌影响，大部分地区地表水的运动过程不同，降水、径流在区域间有很大差异，使得地表水资源有明显的地区差异和分布不均匀性。同时，地貌条件的多样性和区域地貌结构的差异性，产生多种地下水，如河流冲积层物质的孔隙水、岩溶洞穴的岩溶水等。

流域地貌为人类聚落提供下垫面和物质基础，地貌形体类型分布制约着聚落选址、布局、景观及土地利用和建设投资造价。平原区、河谷中、河口等不同流域地貌形体区域一般适宜人类居住，大型城市基本分布在河流周边平原区。我国北方平原城市街道正北整栋直线布局，而南方平原城市街道布局则以江河的流势而定，呈弧形和曲线布局。人类聚落的格局会影响工业布局，进而对水生态系统产生不同的影响。

3.3.2.3　地形地貌指标主要表现尺度

地形地貌往往具有较大的稳定性，是形成汇水区域的关键指示指标，作用于较大时空尺度上，反映整个流域和区域的共同特征，一般可应用于大尺度分区。

3.3.3　土壤

3.3.3.1　土壤及其特征指标

土壤形成因素和形成过程的不同造成各地土壤的多样化，使其具有不同的土体构型和肥力水平，对水体化学成分、离子含量及河川径流都有一定的影响。土壤特征指标主要包括土壤类型、土壤质地、土壤有机质。

3.3.3.2　土壤对水生态系统的影响

（1）土壤类型对水生态系统的影响

土壤类型及地表地质与流向河槽内的粗颗粒物质类型、营养物质传输和水化学的相关离子浓度密切相关。土壤中的可溶性物质，经过水的溶滤作用后，会使水体的离子含量与有机质含量增加，可溶性气体含量发生变化。当水和不同土壤类型接触时，水的化学成分会发生不同的变化，从中得到的离子也不同。当水透过含盐少的沼泽土、泥炭土时，会富集大量有机质，离子含量很少；当水透过黑钙土、栗钙土或盐渍土时，水中富集大量盐类离子，呈碱性；当水透过红壤、黄壤时，离子成分有限，呈酸性反应。

降水经地面和地下汇入河网，土壤及成土母质的组成成分、树木及农作物枯枝落叶等伴随着径流汇入水体，成为水体水质的组成部分。同时，流域内土壤和植被状况也会影响河流的含沙量，如黄土高原上的植被较差，黄土颗粒很细，耐冲性能差，凡是发源或流经黄土高原的河流，都获得了大量的泥沙补给；而中国的南方和东北地区，植被良好，河流的含沙量就少得多，这些对水生态系统组成和功能有着重要的影响。

（2）土壤质地对水生态系统的影响

土壤质地是土壤物理性质之一，指土壤中不同大小直径的矿物质颗粒的组合状况，反映了土壤矿物质颗粒的粗细程度，也是生产上反映土壤肥力状况的一个重要指标。土壤质地常常通过影响土壤的物理化学性质来影响生物的活动。

土壤质地对河流的含沙量影响较大，在植被差和土壤疏松的地区，若地形起伏大，暴雨降落后会造成严重的土壤侵蚀；相反，降落到地形平坦、植被良好的黏土地区，则不会造成大量的泥沙流失。土壤质地越小，土壤黏性越小，对径流影响越大；反之，土壤黏性越大，对径流影响越小。

（3）土壤有机质对水生态系统的影响

土壤有机质是指存在于土壤中的所有含碳的有机物质，它包括土壤中各种动植物残体、微生物体及其分解和合成的各种有机物质。它不仅是土壤各种养分的重要来源，更是氮、磷的重要来源，并对土壤理化性质，如结构性、保肥性和缓冲性等有着积极的影响，对土壤肥力、环境保护及农林业可持续发展等方面有着极其重要的意义。

土壤有机质的含量在不同土壤中差异很大，含量高的可达20%或30%以上（如泥炭土，某些肥沃的森林土壤等），含量低的不足1%或0.5%（如荒漠土和风沙土等）。土壤有机质含有植物生长所必需的各种营养元素，对土壤保水能力、阳离子交换能力等土壤理化及生物学特性有深远的影响。在降水侵蚀过程中，土壤氮素特别是有机态氮随泥沙在河道淤积，流失的土壤氮素对河流和地下水都会产生污染，破坏水生生物生存的环境，影响水生生物的生长、数量以及空间布局，严重时导致水生态系统组成和功能的改变。

3.3.3.3 土壤指标主要表现尺度

土壤类型、土壤质地、有机质含量等因子是影响水生态系统的重要因子，属宏观背景型指标，其作用及影响范围较大，宏观尺度上作用范围大于几千平方千米，周期在数百年及数年之间，决定着水生态系统的空间特征，体现大尺度的水生态系统地域空间分布，经常作为大尺度水生态功能分区的重要指标。

3.3.4 地质

3.3.4.1 地质及其特征指标

地质泛指地球的性质和特征，是表征地球质地状况的一个综合性概念。地质作用强烈影响着气候以及水资源与土壤的分布，创造出了适于生物生存的环境。这种良好环境的出现，是地球大气圈、水圈和岩石圈演化到一定阶段的产物。地质的特征指标主要包括岩石类型、地质构造等。

3.3.4.2 地质对水生态系统的影响

（1）岩石类型对水生态系统的影响

依据成因，可以把岩石划分为沉积岩、岩浆岩和变质岩三大类。岩石在太阳辐射、大气、水和生物等风化作用下，会出现破碎、疏松及矿物成分次生变化的现象。风、水流及冰川等动力又把风化作用的产物搬离原地，这一过程称为剥蚀。剥蚀与风化作用在大自然中相辅相成，只有当岩石被风化后，才易被剥蚀。岩石被剥蚀后，露出新的岩石，进而继续风化。当岩屑随着搬运介质，如风或水等流动时，会对地表、河床及湖岸带产生侵蚀，为沉积作用提供物质条件，对水环境产生影响。

岩石是决定河流天然溶质的最基本的因素，尤其是在小的区域范围内。河流汇水区母岩（如碳酸盐岩、硅酸岩、蒸发岩）类型的不同组合造成不同河流的阴阳离子组成差异。例如，Ca^{2+} 和 Mg^{2+} 来源于碳酸盐岩、硅酸岩和蒸发岩的风化或溶解；Na^+ 和 K^+ 来源于蒸发岩与硅酸岩风化；HCO_3^- 来源于碳酸盐岩和硅酸岩风化，SO_4^{2-} 和 Cl^- 来源于蒸发岩风化，而溶解性 SiO_2 来源于硅酸岩风化。

（2）地质构造对水生态系统的影响

地球表层的岩层和岩体在形成过程及形成以后，都会受到各种地质作用力的影响，有的大体上保持了形成时的原始状态，有的则产生了形变。它们具有复杂的空间组合形态，即各种地质构造。地质对水生态的影响主要体现在对水系的影响上，水系主要受地形和地质构造的控制。由于中国地形多样，地质构造复杂，水系类型也多种多样。水系有各种各样的平面形态，不同的平面形态可以产生不同的水情，不同水情条件下，物种的分布、数量、组成都有差异。

3.3.4.3 地质指标主要表现尺度

岩性和地质构造都是稳定性高、作用及影响范围大的指标，属于宏观背景型指标，其尺度上作用范围大于几万平方千米，对水生态系统地域空间分布起着决定作用，是国家级和流域大尺度分区的重要指标。

3.3.5 土地覆盖

3.3.5.1 土地覆盖及其特征指标

土地覆盖是对地球表面的植被覆盖物和人工设施的总称，它是土地利用的结果和外在形态表现，在不同时间和空间上表现出来的属性与变化趋势，可以反映一个地区生态环境状况和人类对自然干扰破坏的程度。土地覆盖指标包括土地利用类型及面积比、斑块数、变化量（增加量和减少量）以及一些反映景观格局的指标，如面积周长分维数、Shannon 多样性指数和均匀性指数、核心斑块面积、周长等。需要指出的是，以上指标虽然反映的景观特征不同，但在一定程度上存在信息重叠，在实际使用过程中应注意。

3.3.5.2　土地覆盖对水生态系统的影响

（1）土地利用类型及面积比

全球范围内景观由未干扰状态向人类控制为主的转化已经广泛的影响了生态系统，土地利用/覆盖的定量化已经成为衡量生态系统状态的一个有价值的指示指标（Turner et al.，1994）。大量的研究表明，土地利用转化的范围非常巨大，人类活动影响的土地利用的变化对水生态完整性影响强烈（Allan，2004）。各因素共同作用，使河流水位、流量、流速、洪水脉冲等生物长期适应的水文条件发生变化，对生物行为和生理造成影响。

流域自然植被和用地大量减少，改变流域内蒸散发条件和土壤水分状况，影响区域气候、降水强度和降水分布特征，同时，不透水地面面积增加造成汇流时间缩短、地表径流量增加（Schueler et al.，2013）。自然用地的减少还使得植被层和土壤层对水分与养分的吸持能力下降，加剧水土流失（Lebo and Herrmann，1998），水体生物中能耐受径流变化、生活史短或能快速散布的物种在群落中占优势（Richards et al.，1997）。

随着农用地面积的增加，悬浮物、杀虫剂和营养元素等非点源污染物向河流的输入增加，导致河流水环境变化（Lenat，1984；Cooper，1993），悬浮物和营养元素的增加会加大河流发生富营养化的风险（Allan，2004），杀虫剂和除草剂浓度的增加会导致河流生物的物种数减少（Cooper，1993）。农业用地的增加会导致河流栖息地质量下降，表现在栖息地指数和河岸稳定性降低，沉积物在河床上和河道内的沉积增加，河水温度增加，凋落物输入减少等，这些因素作用在水生态系统上，导致鱼类多样性、生态系统异质性降低，生态系统食物网中自养型物种比例增加等（Quinn，2000；Walser and Bart，1999）。

城市化对水生态的影响包括对河流水环境、河岸栖息地、水文以及水生生物群落的影响。城市化面积的增加会导致径流中污染物的量和种类增加，无规律径流的增加，水温的增加以及地表径流的变暖，河道和栖息地结构的减少，河岸不稳定，河道渠道化以及河流和周围景观的连通性下降（Paul and Meyer，2001）。城市不透水面积的增加导致洪水暴发的强度和频率增加、河床被侵蚀、沉积层被替代，最终导致河流退化、生物消失（Lenat and Crawford，1994）。已有的城市化与水生态关系研究表明，城市化是支流上由海移栖淡水河产卵的鱼类消失的主要原因（Roy et al.，2003），城市化率的提高与水质、栖息地和大型底栖动物群落负相关（Roy et al.，2003），不透水面积的迅速增加导致大型底栖动物类群丰富度下降，耐污的类群代替了不耐污的类群。

（2）土地利用格局

景观格局特征对水生态系统物理、化学和生物特征的影响是水生态学研究的重要内容之一（Johnson et al.，1997），当前常用的反映与水生态相关的景观连接度、多样性、位置等格局特征的方法为景观指数法。已有的研究发现，鱼类生活史对避难所的要求和可获得性与栖息地缀块的空间分布格局有关，当河道边栖息地不连接时，鱼类的 α 多样性降低，而 β 多样性升高（Schlosser，1991）；两栖类的多样性变化格局则相反（Amoros and Bornette，2002）。

（3）河岸带土地利用

河滩地开垦和河岸固化使河岸植被带遭受破坏，阻碍了陆地生态系统和水生态系统间物质、能量交换，切断了河道与洪泛区联系，进而使栖息地破碎化程度增加，对河流生物产卵、发育、栖息等生理过程造成影响；河岸植被的减少，还会使抵达河道的太阳辐射量增加，河流水温升高，改变河流复氧条件，影响生物群落分层结构和生态平衡；同时河岸带植被的减少使得对非点源污染的拦截降低，对水质产生影响。

3.3.5.3 土地覆盖指标主要表现尺度

土地覆盖影响范围较广，通过对陆域降水、陆域产汇流过程产生影响，从而对水体流体质量及水文情势产生影响，进而对水域生物多样性带来不同程度的影响。在大的尺度上，土地覆盖变化主要通过生物物理和生物地球化学两种反馈机制对气候产生影响。在区域尺度上，土地覆盖会影响土壤发育，包括土壤环境、生产力、土壤微生物和有机碳 4 个方面，进而影响产汇流过程。在河岸带尺度上，土地覆盖会影响生境栖息地和污染物的迁移。在水生态功能分区中，土地覆盖属中小尺度指标。

3.3.6 水文

3.3.6.1 水文及其特征指标

河流水文情势是构成径流量、频率、持续时间、发生时间等以及有无汛期（凌汛）、有无结冰期等在时间上持续变化或周期变化的动态过程。河流水文指标包括流量、频率、水位、持续时间、变化率、平滩流量等。另外，反映水文特征的指标还包括洪峰出现时机、是否会存在结冰期，以及时间的长短等。

3.3.6.2 水文对水生态系统的影响

流域水文通过降水、产流、径流和蒸发等过程维持着整个水生态系统的物质循环与能量流动。流域水文情势对维持水生态系统完整性至关重要。水文情势的 5 个组成要素（流量、频率、出现时机、持续时间和变化率）直接或间接影响水生态完整性。首先，水流是水生生境的一个决定性因素，而生境又是生物组成的决定性因素；其次，自然水文情势的改变可导致水生物种生活史的改变；再次，维持自然生态系统纵向和横向的连通性对于许多岸栖物种的生存能力至关重要；最后，水文情势的改变会造成水体中外来及引进物种的入侵和繁殖（表 3-2）。

表3-2　水文要素变化的生物响应

水文情势	变化	生物响应
流量和频率	多样性变大	敏感物种的丧失；藻类增加，有机物被冲走；生命周期被打乱；能量流被改变
	流量稳定	外来物种的入侵和出现，导致本地物种灭绝，群落发生变化
		减少输送到河漫滩植被中的水分和营养物质，种子不能有效扩散；栖息地和二级河道丧失
		改变河岸群落
出现时机	季节性洪峰期的丧失	鱼类受到干扰，如产卵、孵卵、迁徙；鱼类不能接近湿地或逆水区域；水生植物网结构改变；植被生长速度减慢
持续时间	低流量延长	地貌形态发生改变；水生有机物聚集；水生生物多样性降低；河岸带植被覆盖率减少、物种布局变化
	淹没时间改变	植被覆盖类型变化
	淹没时间延长	树木死亡；水生植被生长的浅滩丧失
变化率	河流不同阶段的快速变化	水生物种被冲走或搁浅
	洪水退去速度加快	种子不能着生

资料来源：Stanford 等（1996）。

3.3.6.3　水文指标主要表现尺度

水文情势主要表现为区域或局域特征，很大程度上是由地质、地貌和植被的地理差异决定的。水文指标一般在中尺度水生态功能分区中应用。

3.3.7　河流物理形态

3.3.7.1　河流物理形态及其特征指标

河道物理形态特征包括两个方面，即河流地貌特征和河流形态特征，主要包括河道梯度、蜿蜒度、河网密度、河流等级、河型稳定性、宽深比指数等指标。在文献调研、专家经验分析和水生态结构指数分析的基础上，确定与水生态系统结构功能联系紧密，使用较多的指标，主要为河道梯度、蜿蜒度、河网密度、河流等级、河床形态等。

3.3.7.2　河流物理形态对水生态系统的影响

河流作为水生态系统的生境和主体，在整个河流生态系统中发挥着至关重要的作用，具有输沙、输水、泄洪、提供生物栖息地、接纳污染物等功能。流域地貌因素的差异，在水文及其他因素的作用下，创造了河流生境的多样性，从而为生物多样性奠定了重要的物质基础。有什么样的生境就造就什么样的生物群落，两者不可分割。

（1） 河道梯度对水生态系统的影响

河道梯度是指河道海拔沿河流由上游至下游的变化，为河段距离除高程差，是河流的重要地貌特征。河道梯度变化影响流速、河流基质成分、河道单元地貌以及河道内的栖息地类型（Rosgen，1994；Reinfelds et al.，2004），进而对水生生物群落结构产生影响，并最终影响生态系统功能，如梯度大的河道，水流速度快，流量低，水生生物以能适应快速流水的类型占优势。

（2） 蜿蜒度对水生态系统的影响

蜿蜒度通常被用在河流分类中，是河流长度与流域长度的比值，反映河流的蜿蜒状态（Rosgen，1994）。蜿蜒度高的地区，河道的物理演变频繁，形成的地貌类型多样，可以提供多样的生境；同时蜿蜒度高的地区在洪水泛滥时水流速度变化不会太大，这样会减少洪水对水生态系统的影响，使河流生境保持相对稳定。

（3） 河网密度对水生态系统的影响

河流是水生态系统多样性的基础，其对物种的支持可由物种-面积理论解释，该理论认为大的面积可以为更多的生物扩散占据，因此能容纳更多的物种，减少灭绝的可能性（MacArthur and Wilson，1967；Wright et al.，1983）。全球鱼类多样性的研究发现，鱼类的丰富度与流域面积增加密切相关（Oberdorff et al.，1995），高河网密度的河流物种丰富度高，持续性大河提供的连续可获得生境是水生态系统物种多样性高的关键因素（Rathert et al.，1999）。

（4） 河流等级对水生态系统的影响

河流等级和节点数量反映河网系统不同部分的位置与相对尺度。河流等级通常用在流域形态的分析中，节点数量与河流的流量和河流的动能相关（Gregory and Walling，1971）。

Rasmussen（1980）提出了 RCC 理论，该理论认为随着河流等级的增加，水生生物多样性增加。虽然 RCC 理论存在争论，但很多的研究验证了 RCC 理论的正确性。已有的研究表明，用河流等级划分出的景观单元存在着明显的地貌特征、地貌边界和植被特征的差异，呈现出随河流等级增加多样性和复杂性增加的趋势。河流等级越高，水量越大，提供的生境越多，越有利于水生生物的扩展、繁育。

（5） 河床形态对水生态系统影响

河床形态可用河流沟槽比、河道宽度、基质、生境格局等指标表示。河流沟槽比表明河道对洪水的容纳能力。河道宽度是河流流量和水动力过程的主要指示参数。河床和河岸的基质影响沉积物的运输与水动力过程，反映水生栖息地现状和河岸侵蚀的潜能。生境格局反映河流坡度、沉积物尺寸供应和流量对河流动态与栖息地格局，类型包括基岩（bedrock）、阶梯-深潭（step-pool）、平面河床（palne bed）、边滩-心滩（pool-riffle）以及格局（regime）。

3.3.7.3 河流物理形态指标主要表现尺度

河流物理形态受流域地貌、土地覆盖影响，在更高层次上受流域水文、气候影响。河流物理形态指标通常反映在河流廊道尺度或河段尺度等小尺度上，影响范围较小，在水生态功能分区可被用作小尺度的分区指标。

3.3.8　水质

3.3.8.1　水质及其特征指标

水质是河流和湖泊重要的特征之一，其不仅是自然地理因素的反映，也是水生态系统生存的根本生境。河流水质指标包括感官性状类（色、臭、味、浑浊度、透明度等）、物理化学类（水温、pH 和电导率）、耗氧有机类（COD、BOD$_5$）、溶解氧（DO）、营养物质类（亚硝酸氮、氨氮、硝酸盐氮、总氮、正磷酸盐、总磷）、重金属类以及有毒有机物类（POPs、PPCEs 等）。

3.3.8.2　水质对水生态系统的影响

水是与水生态系统直接接触的生境因素，其中的化学元素与生物直接相关，通过影响生物的生理生长特征，以及物种个体的生死，进而影响生物群落。因此，水化指标对水生态系统健康具有重要的意义。各种化学指标的生态学意义见表3-3。

表 3-3　水质指标生态学意义

类型	指标	生态意义
营养元素	总磷	影响水生生物生长，并因此影响水生态系统结构和功能
	总氮	影响水生生物生长，并因此影响水生态系统结构和功能
耗氧指标	COD	影响水生生物生长，并因此影响水生态系统结构和功能
	BOD$_5$	影响水生生物生长，并因此影响水生态系统结构和功能
悬浮物	悬浮颗粒物	影响水中浮游植物大型水生植物的光可获得性，冲刷藻类导致生物量减少，致使生物窒息死亡，诱发生态系统结构和功能变化
	浊度	
盐度	盐度（电导率）	影响水生生物渗透调节功能，导致生理中毒，进而改变生态系统物种组成
pH	pH	影响生物的酶、细胞膜过程等生理过程，最终导致水生动植物丧失
溶解氧	溶解氧	反映水生态系统光合和呼吸过程的平衡以及人类干扰情况
光学特征	视觉清晰度	通过影响光的可获得性直接或间接影响物种和生态系统
	光穿透性	
	水色	通过影响水下光合作用可获取的光，影响水生态系统

3.3.8.3　水质指标主要表现尺度

水质指标受流域地质、土地覆盖以及人类排污的多种影响，通常反映在河段或河道等小尺度上，影响范围较小，在水生态功能分区可作为小尺度的分区指标。

3.4 全国水生态功能分区体系

3.4.1 水生态功能分区体系构建思路

（1）确定分区尺度，建立水生态功能分区框架体系

水生态系统在空间上的分布格局具有尺度效应，不同尺度格局形成原因在于其水生态过程的不同，大尺度上的生态格局与过程影响小尺度上的生态格局和过程（Allen and Starr，1982）。例如，在大尺度条件下地理气候因子（如气候、地质、地势）形成了流域及其自然特征，决定了水生生物地理分布。其主要的地理和气候事件，如板块构造运动和冰川作用影响了物种的起源或灭绝，过程可长达数万年。在河道单元尺度下，水动力学以及泥沙的冲刷和沉积作用引起的水生生物行为是其主要生态过程，其历时只有 1 ~ 10 年。

我国地域辽阔，气候、地势、地质类型以及淡水生态系统都呈现出明显的地带性规律，在不同尺度上也呈现出明显的空间差异性。因此，在同一个区划上同时反映不同尺度的水生态特征及其过程是不可能的，需要建立一个基于等级架构的划分体系来研究不同尺度下水生态系统的分布格局及其影响过程。在最高层级，水生态功能分区反映了大尺度条件下地理气候因子对水生动物地理分布的影响，体现了国家在制定水生态保护战略规划方面的需求。在中等尺度上，水生态功能分区是在国家水生态区约束下的流域分区，通过流域气候、地形和地质的空间特征反映其对河流生境的控制与影响，体现水生生物和河流生境多样性空间差异特征，满足地方管理部门在制定流域水生态保护规划和管理策略方面的需求。在小尺度上，水生态功能分区代表了水生生物种群动态及行为变化特征，反映的是水生生物栖息地变化，体现了区域管理部门制定水生态修复工程方案的需求。

（2）分区不仅要体现自然特征，而且要反映人类活动的影响

早期自然区划以突出显示自然地带性规律为主要目的，地形地貌、气候、植被等自然因子是区域宏观生态地理区划的主要指标（黄秉维，1958）。但是，由于人类活动的深刻影响，现代的生态系统具有了社会化、技术化和经济化等特点，生态系统已经成为一个以人类活动为主体的社会–经济–自然复合系统，是自然环境叠加人类活动的产物。这种水生态系统区域相似性和差异性由复合生态系统及其所包含的空间与结构层次的区域分异决定，只有从人地关系的高度综合看待环境问题，才能真正地揭示水生态系统的本质（马世骏和王如松，1984）。

水生态功能分区的目的是既要揭示水生态系统的地带性分布规律，也要揭示人类活动对水生态系统的作用，分析水生态系统对人为影响的反馈（郑度和傅小锋，1999）。因此，水生态功能区划既要考虑自然环境等生境要素对水生态系统的影响，即考虑温度、水分、植被、土壤和地貌等区域生态环境因素的特征，又要考虑水生态系统功能、胁迫过程、功能需求，充分体现水生态系统与人类活动之间的相互制约关系，实现水生态系统功能保护与人类发展的协调，从而为流域资源开发利用、生物多样性保护以及区域可持续发展战略

的制定提供科学依据（程叶青和张平宇，2006）。我们认为水生态功能区在大尺度上仍以影响水生态系统地理格局的自然要素为主要分区指标，反映大尺度下的地理气候空间分布特征。在中小尺度上，应基于统计学分析等手段选取能够反映人类活动的指标，以体现人类活动对水生态系统的干扰及其空间格局的影响。在有关人类活动指标的选取上，考虑到区划应具有长期稳定性的特点，应选择具有长期性特征的指标（如土地利用类型、植被覆盖等）作为区划的重要依据。

（3）正确理解生境与生物的关系，分区重点以生境类型划分为主

地理气候因子决定了水生态系统的特征，具有相似地理气候特征的水生态系统也具有相似的生态特征和过程（Hack，1957；Strahler，1957）。当地理气候在空间上发生变化时，河流生境在空间上呈现出不同的分布特征，进而影响水生生物群落特征的空间分布格局，由此产生水生生物区系。地理气候和河流生境可以视作决定水生生物群落特征的"因"，而水生生物群落可以视作地理气候以及河流生境影响的"果"。因此分区指标的筛选应尽量选择影响水生生物群落特征的生境指标进行划分。在国家宏观尺度和流域大尺度上，可以选择地理气候类大尺度生境指标开展分区。在较小的流域尺度上，河流生境对水生生物群落特征影响显著，可选择河流生境指标作为分区的主要依据。

（4）理解生态系统结构、格局与功能的关系，水生态功能区分区重点体现水生态系统自身功能需求

水生态系统功能包括对人类生存和生活质量有贡献的生态系统产品和生态系统服务。可以看出，水生态系统的结构与过程直接决定了水生态系统功能类型，有什么样的生态系统结构和过程就有什么样的生态系统功能。生态系统功能包括支持功能、调节功能、信息功能和承载功能4种功能。其中，支持功能属于生态系统自身功能。从管理角度出发，我们认为保持和恢复水生态系统健康是水生态功能分区的根本出发点，因此，水生态功能分区应把目光集中于水生态系统的支持功能，这样才对基于水生态系统健康保持和恢复的管理活动有意义。支持功能往往是由微观尺度上的多种生态过程所决定的，其发挥作用的范围不大。因此，水生态功能分区在其划分过程中主要在中小尺度上体现功能的差异，基于生境类型分类共同形成这种尺度下的水生态功能区。

（5）保持水陆一致性是水生态功能分区的基本特点

水体分区体系与陆地分区体系在环境管理和保护中的协调统一一直是各国管理者与研究者面临的难题。既要保持河流上下游的连通性，又要体现出集水区域对水生态完整性的影响是协调水体和陆地生态保护的最大难点。水生态功能分区是一种分区尺度由大到小的等级嵌套的分区体系，在整合水体和陆地生态保护方面具有很大的潜力（Amis et al.，2009），因为大尺度上的分区以景观生态过程特征（如地形、气候等因素）为依据，毫无疑问包括了陆地生态特征，而小尺度的分区虽然依据水生生物种群结构、水生生境特征等水体指标进行划分，但是各尺度分区都涵盖了水体及影响水体的陆域范围，保证了水陆一致性和水生态过程的完整性。

（6）处理好区划与规划的关系，实现水生态功能分区在流域规划中的应用

区划是在对生态系统客观认识的基础上，应用生态学原理和方法，揭示自然区域的相似性和差异性，从而进行整合，划分生态环境的区域单元（傅伯杰等，1999）。

规划是按照生态学原理，对区域社会、经济、技术和生态环境进行全面综合规划，以便充分有效、科学地利用各种资源，促进生态系统的良性循环。两者虽有不同，但有相互联系。区划强调生态系统的区域分布规律，是认识生态系统的基本工具；规划是在区划的基础上，通过开展评价、模拟和优化等手段，确定最佳可行的管理方案。区划是稳定的，规划则是经常变化的；区划往往以自然特征反映为主，规划则是人类活动和自然生态的相互协调结果。

水生态功能区划是一种区划，但不仅仅是一种水生态系统自身规律的识别，需要在其基础上建立起与水环境管理相衔接的技术手段，实现水生态功能区划在水生态系统管理中的应用。例如，水生态系统保护目标的确定，其实质是一种规划内容，不同类型管理区的识别也属于规划内容。当前的环境管理要求实现自然区划向管理区划的转变，这正是现在区划的发展。在水生态功能区划体系中，通过背景区划、目标区划和管理区划的协调统一，从而使水生态功能区划成为水环境管理的重要基础，最终实现自然特征与管理要求相结合。

3.4.2 水生态功能分区体系框架

结合我国当前水生态环境管理的需求，提出我国涵盖地理区–流域区–单元区 3 个层级，由大到小等级嵌套的 8 级分区体系。地理区和流域区为国家级分区，单元区为区域级分区（表3-4）。

表 3-4 全国水生态功能分区体系

分区尺度	分区目标	分区类型	生态功能	分区尺度/km²
国家	1 级区	水生态地理大区	反映水生生物科属及主要地理气候特征的区域差异	$1\times10^5 \sim$
	2 级区	水生态地理区	反映水生生物属种及主要地理特征的区域差异	1×10^6
	3 级区	水生态流域区	反映水生动物地理单元内地区尺度生境特征，代表流域尺度上鱼类群落的空间差异，主要影响因素是地貌、地质、植被	$1\times10^4 \sim$ 1×10^5
	4 级区	水生态流域亚区	反映地形地貌、植被、土地利用等影响因素的空间分布特征，代表生物多样性特征的空间差异	10^4
	5 级区	水生态流域小区	反映人类活动和河流形态对水生态功能的空间差异的影响	$1\times10^3 \sim$ 1×10^4
区域	6 级区	水生态单元区	反映河流生境对水生态系统的影响，如珍稀生境、特征鱼类生境，为水生态保护提供目标	10^3
	7 级区	水生态单元亚区	反映河段生境类型差异和人类活动对水生态系统的影响，为水生态保护目标制定、修复措施制定提供措施	$1\times10^2 \sim$ 1×10^3
	8 级区	水生态单元小区	反映小尺度河道生境的空间差异，为水生态修复工程提供修复对象	$10 \sim 10^2$

地理区为 1~2 级分区，划分为水生态地理大区、水生态地理区。主要反映大尺度条件下地理气候因子等栖息地特征对我国水生生物群落多样性的地理分布的影响规律，体现国家尺度水生态格局及栖息地环境特征，着眼于对全国性水生态系统保护问题的支撑作用，具有战略性、综合性、全局性特点。

流域区为 3~5 级分区，划分为水生态流域区、水生态流域亚区和水生态流域小区。主要反映我国十大流域内气候、地形、土壤、植被、土地利用等栖息地特征及其对水生态的影响，体现水生生物群落组成和功能的空间差异特征，目的是揭示流域内各个水生态单元的生境特征及其功能差异，为流域水生态安全保护目标制定和保护方案的制订提供基础。

单元区为 6~8 级分区，划分为水生态单元区、水生态单元亚区和水生态单元小区。主要反映水生生物中小尺度生境的空间差异，体现水生生物种群动态及行为变化特征，为区域水生态修复工程方案制定提供基础支撑。

3.4.3　水生态功能分区总体原则

流域水生态功能分区的原则包含共性原则和个性原则两种：共性原则主要体现分区要遵循的一般性生态学/地理学原理；个性原则主要体现流域水生态功能区依据水生态系统结构及其功能特点以及管理需求等方面所要遵循的特殊性原则。

3.4.3.1　共性原则

（1）发生学原理

任何区域单元都是在历史发展过程中形成的。因此，进行自然区划必须探讨区域分异产生的原因与过程，以形成该区域单元整体特性的发展史为区划依据。

（2）生态系统空间等级性原理

等级性理论是了解生态系统空间格局的基础，它包含生态系统的结构等级和生态过程等级两方面的内容。一般而言，生态系统的等级性体现的特点有：①高等级组分的格局能在低等级中得到反映；②低等级组分的存在依附于高等级；③物质和能量通常从高等级流向低等级；④一些独立组分的变化不可避免地影响相关的组分。可见，等级性原则是生态区域逐级划分的理论依据。

（3）相对一致性原则

相对一致性原则要求在划分区域单元时，必须注意其内部特征的一致性。这种一致性是相对的一致性，而且不同等级的区域单元各有其一致性的标准。例如，自然带的一致性体现在热量基础的大致相同，自然区的一致性体现在热量辐射基础相同条件下的大地构造与地势起伏大致相同，等等。

（4）地域共轭原则

自然区划所划分出来的必须是具有个体性的、区域上完整的自然区域，这称为区域共轭性原则（黄秉维，1958）。区域共轭性产生于区域单元空间不可重复的客观事实。在一定的区域范围内，生态系统在空间上存在共生关系，所以生态功能区划应通过生态功能分区的景观异质性差异，来反映它们之间的毗连与耦合关系，强调生态功能分区在空间上的同源性和相互联系（蔡佳亮等，2010）。

3.4.3.2　个性原则

（1）综合分析与主导因素相结合的原则

生态系统的形成与演替、结构和功能受多种因素的影响，是各个因素综合作用的结果，在进行各级水生态区的划分时，必须贯彻综合分析与主导因素相结合的原则，在综合分析的基础上，抓住影响各级生态功能区分异的主要因素进行分区。

（2）自然分区与管理分区相衔接的原则

水生态环境区划既要考虑水生态因素和环境因素的特征，如水分、热量、土壤、植被、地貌等特征和区划分异，又要考虑水生态系统功能的空间差异性，为管理分区服务。

（3）水陆一致性原则

陆地生态系统和水体生态系统之间不是孤立存在的，它们相互之间存在着物质流和能量流的传输、交换，是两个相互影响的生态单元。因此，流域水生态环境分区不单纯是针对水体的生态环境，必须把陆地环境和水体环境综合起来考虑，保持水陆生态过程的完整性。

（4）流域边界完整性原则

流域是实现陆地与水体关联的重要形式。水生态系统受流域边界的约束，同一流域内的水生态系统往往具有一致性，其都受到了流域内同样陆地生态系统的影响。

（5）分区与分类相结合原则

高级分区以区域导向分区为主，低级分区以类型导向分区为主。

3.4.4　水生态功能分区命名

3.4.4.1　国内外分区命名总结

国内外主要水生态区划的命名方式主要包含两类：一是单纯型命名，即用地名或某种自然特征类型或某种功能类型进行命名；二是组合型命名，即把地名与一种自然特征或功能类型组合起来或把两种自然特征类型组合起来进行命名（表3-5）。

表3-5　国内外分区主要命名方式

命名类型	命名方式	典型分区
单纯型	地区名	中国淡水鱼类区划、世界淡水生态区划、世界近岸海洋生态区三级区
	气候带（区）	中国生态地理一级区
	气候区（水）	中国生态地理二级区、中国湖库生态一级区
	地貌名	北美生态四级区

命名类型	命名方式	典型分区
组合型	气候带+地名	世界近岸海洋生态区一级区、二级区
	气候带+陆地生态类型	世界陆地生态区
	地名+陆地生态类型	中国生态地理三级区、美国俄勒冈州生态区
	地名+地貌	中国湖库生态二级区、奥地利生态区、北美生态三级区、新西兰南部生态区
	地名+功能类型	中国生态功能区、水功能区

根据表3-5中各国命名方式，总结出如下规律：

1）无论是单纯型还是组合型命名，均是根据主导特征类型进行命名的。

2）从各国分区命名方式来看，单纯使用或组合使用地区名、气候名、地貌名是主要方式。

3）气候类型是陆地生态区划命名的主要成分，这是因为气候是陆地生态系统的控制性因子（Bailey，2004）。

4）淡水生态分区多使用地区来命名，这是因为决定水生态系统类型空间差异性特征的有气候、地质、地貌等多种因子，这些因子发挥了同样重要的作用，单纯使用其中任何一种因子类型来命名显然是不够充分的。如果直接以淡水系统来命名则可能因为水生生物群落结构和物种组成的复杂性而难以用简短明确的生态系统类型来描述分区单元，因此直接使用地区来命名具有一定的合理性。

5）功能区划一般较多使用功能类型或管理类型作为命名方式，明确功能区的管理意义和要求。

3.4.4.2 我国分区命名规则

水生态功能分区在每一级上都应当使用不同的命名方式，一方面要综合反映水生态系统的地理分布特点，另一方面要反映水生态功能分区的管理内涵。此外，分区命名应简单明了，不应过于冗长复杂。基于以上原则本书给出了国家级1~5级分区的命名方式。

（1）1级区命名方式

大地理位置+气候特征+水生态地理大区。例如，东北黑龙江温带水生态地理大区、青藏高原高寒区水生态地理大区等。

（2）2级区命名方式

流域名+上下游关系/区域关系+水生态地理区。例如，辽河上游水生态地理区等。

（3）3级区命名方式

流域名+地形地貌特征+水文特征+水生态流域区。例如，西辽河上游高原丘陵半干旱水生态流域区。

（4）4级区命名方式

水系名+主要地形植被类型+水生态流域亚区。例如，老哈河上游山地丘陵草原水生态流域亚区。

(5) 5 级区命名方式

地名/河流名+功能类型+功能区。例如,腾格勒郭勒河低海拔丘陵水源涵养功能区。

3.5 水生态功能分区特点

(1) 能够科学反映水生态系统的空间尺度特征

水生态功能分区体系是建立在水生态系统空间尺度特征基础上的,遵循了水生态系统结构及其过程在不同尺度上具有不同的特征这样一个基本科学事实。水生态功能分区体系根据每一级特有的生态学过程和水生生物群落结构表现形式识别了水生态系统的主要影响要素,确定了各级分区单元的尺度范围,客观反映了水生态系统结构及其生境的空间分异规律。

(2) 实现自然要素导向和管理导向分区的衔接

从国内外现有的分区体系来看,分区体系构建过程中主要遵循两种分区思路:一是以反映自然要素分布规律为主要任务,即以自然要素为导向的分区。国外现有的生态分区以及国内的综合自然区划、生物地理区划、生态区划、生态地理区划均是以自然要素为导向的区划体系。二是以反映管理实施策略差异性为主要任务,即以管理为导向的分区体系。典型区划有我国的主体功能区划、水功能区划和水环境功能区划。这一类区划在分析生态与环境资源现状的基础上,结合自然环境要素、社会经济发展需求、部门管理需求等方面,重点反映对国家和地方资源环境管理部门工作的支持作用。与自然区划相比,管理区划提出了具体的具有空间差异性的管理策略和管理目标,因而在管理实施层面具有较好的操作性。

随着我国水生态系统质量的严重退化,对水生态系统健康进行保护和恢复的要求日趋迫切。水生态功能分区作为水生态管理的基础,应具有自然分区和管理分区双重导向,要求水生态功能分区的成果一方面要让管理者了解水生态系统空间分布的基本特征,明确水生态保护的基本对象,要为水生态保护规划制定和水生态修复工程的实施提供背景依据;另一方面要体现水生态管理的要求,成为不同水生态区的水生态保护目标制定的基础,并根据生态质量状况、生态敏感性提出相应的管理策略。因此,这就决定了水生态功能分区发挥着以下功能:①反映水生态系统的自然背景,明确管理的客观对象;②基于水生态系统功能提出合适的水生态保护目标;③基于水生态保护要求提出合理的管理策略。

(3) 分区体系覆盖地理区、流域区、单元区不同尺度,突出在各级环境管理的应用

我国地域广阔,在长期的地质地貌演变过程中,逐步形成了以长江、黄河、辽河、太湖等为代表的大流域系统,大流域系统下又包含了众多大小不同的水系,形成了尺度从宏观到微观的跨越。这表明,水生态管理不可能是哪一级管理部门的事情,需要从国家到地方多级管理部门的综合协调联动方能实现。从管理角度来看,国家生态管理部门主要是从维护国家水生态安全的角度出发,着眼于全国性水生态系统保护问题,提出宏观的管理策略,如制定国家水生态保护规划,因而具有战略性、综合性、指导性特点。地方部门不仅要制定本地区水生态保护策略,同时还要兼顾流域其他地区与本地区的相互影响关系,这就要从流域整体的角度全盘考虑水生态问题，对综合了解流域层面上的水生态系统特征提出了要求。区域部门则要重点解决水生态系统修复工程实施问题。了解区域尺度上的水生态系统特征，明确区域水生态保护对象，是区域水生态管理的基本要求。因此，应当把国家、流域、区域作为水生态功能分区的基本覆盖层面。地理区为国家宏观尺度分区，反映宏观尺度上的水生态空间特征，为流域尺度分区确定水生态特征的主导形式。流域区是在国家宏观尺度分区基础上根据地方水生态特点进一步细化而来。单元区为区域尺度分区，是在流域分区基础上根据区域水生态特征进一步细化，既体现流域层面分区的主导特征，又反映区域尺度下的水生态特点，是流域分区水生态特点的再补充。

（4）有效结合了水生态管理的需求，支撑了背景分区、目标分区、管理分区的水生态管理分区体系的构建

水生态功能分区体系除了能够客观反映水生态的自然规律外，同时还有效结合了水生态管理的要求。综合考虑了水生态系统的尺度特点、功能特征、管理措施实施的特点以及管理的可操作性。作为一个完整的水生态系统管理分区体系，其包括背景分区、目标分区和管理分区等类型的分区。背景分区是目标分区和管理分区的基础，为后两种分区提供必要的生态背景信息。目标分区是背景分区在管理分区上的延伸，为水生态管理的实施提供重要抓手。管理分区是背景分区和目标分区的进一步延伸，对水生态管理的实施具有长期性指导意义。基于管理分区制定水生态管理措施，实现水生态质量的改善，达到恢复水生态健康的目的，从而影响水生态系统自然背景，为背景分区的进一步调整提供空间。

背景分区是基于水生态系统空间分异性特征开展的区划，主要反映水生态系统的自然背景，这是水生态功能区的主要表现形式。全国1~4级区为背景分区，其主要目的是不仅要让管理者了解每个分区单元里要保护的水生生物类型，而且要让其了解在不同尺度上影响水生态系统发生空间变异的因素和过程，从而掌握保护水生态系统的基本途径，做到因地制宜、有的放矢。

在背景分区的基础上开展水生态系统功能评估，基于功能评估的结果制定水生态保护目标，落实到每个分区单元上即形成目标分区。全国5级区为目标分区，其主要目的是让管理者了解每个生态区单元所要达到的不同等级生态目标要求，为水生态保护规划的制定和管理手段的选择提供依据。水生态功能区是水生态目标制定的基础，也就是说水生态功能区也潜在地是水生态目标区域差异的表现形式。

在背景分区、目标分区的基础上开展水生态环境质量和生态敏感性评估，基于评估结果和目标需求制定水生态保护基本策略，形成分等级的水生态控制手段，落实到每个分区单元上即形成管理分区。区域级分区也就是全国6~8级区为管理分区，目的是让管理者掌握可能发生水生态健康退化区域，针对这些区域实行不同的管理策略和措施。同时根据各分区水生态特征的动态变化，适时调整水生态管理措施，促进不同水生态区之间的协调管理和环境目标的实现。

3.6　小　　结

1）水生态系统包括河流生态系统、湖库生态系统和湿地生态系统三种类型，具有形态连续性、尺度差异性、四维特性、开放性和脆弱性的特点,还具有强大的生态功能。水生态功能是指水生态系统与生态过程所形成及所维持的人类赖以生存的自然环境条件与效用,直接或间接地为人类提供各种服务的能力。水生态系统包括水文水动力、生物生态、生物地球化学、社会服务四大过程,从上述过程出发,水生态系统发挥着调节、支持、信息和承载四类功能。

2)气候、地形地貌、土壤、地质、土地覆盖、水文和河流物理形态等生境要素通过不同的指标对水生态系统产生影响,不同尺度下水生系统的分布格局及其影响过程不同。气候、地形地貌、土壤、地质因子作用及影响范围较大,宏观尺度上作用范围大于几千平方千米,周期在数百年及数年之间,可作为国家宏观尺度和流域大尺度分区指标。土地覆盖因子包括流域和河岸带两个尺度,流域尺度的土地覆盖类型及面积比可用作中尺度分区指标,河岸带尺度的土地覆盖类型及面积比可用作小尺度分区指标。水文指标一般在时空尺度上处于中尺度区间,可作为中尺度水生态功能分区中的指标应用。河流物理形态及河流水质为水体生境指标,影响范围较小,是小尺度的水生态功能分区指标。

3)确定了水生态功能分区思路,建立了由大到小等级嵌套的 8 级分区框架体系,提出了水生态功能分区的总体原则和命名规则。全国水生态功能分区涵盖地理区–流域区–单元区三个层级,其中地理区和流域区为国家级分区,单元区为区域级分区。地理区反映了大尺度条件下地理气候因子等栖息地特征对我国水生生物群落多样性的地理分布的影响规律。流域区反映流域气候、地形、土壤、植被、土地利用等特征及其对水生态的影响,体现了水生生物群落组成和功能的空间差异特征。单元区反映了水生生物中小尺度生境的空间差异,体现了水生生物种群动态及行为变化特征。

4)水生态功能分区科学反映水生态系统的空间尺度特征,实现了自然要素导向和管理导向分区的衔接,结合了水生态管理背景分区、目标分区和管理分区的需求,可在各级环境管理中进行应用。

第4章 水生态功能分区方法与关键技术

4.1 水生态功能分区步骤

水生态功能分区的本质是指标空间化分类。分区主要遵循三个核心步骤，即指标获取和空间异质性分析、分区指标筛选、空间聚类划分，具体技术路线见图4-1。

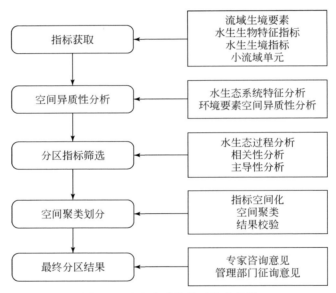

图4-1 水生态功能分区技术路线

（1）指标获取和空间异质性分析

指标获取和空间异质性分析是水生态功能分区的基础。在分区指标选取前，需要对流域水生生物、自然因素和环境条件进行特征分析，找出水生态系统的空间分异规律，以此作为分区指标筛选的重要依据。

（2）分区指标筛选

分区指标筛选是通过对水生态系统类型、过程、功能的影响因素进行分析，选取体现出区域分异规律的指标。水生态系统的结构、功能及其形成过程是极其复杂的，是多要素综合作用的结果。因此，在选取各生态区划分的指标时，应在综合分析各要素的基础上，抓住其主导因素，这样既可把握问题的本质，又不至于使指标体系过于庞杂而重复。

（3）空间聚类划分

空间聚类划分是指将空间化的分区指标进行空间分类的过程。从地理学角度来看，这些数据或变量之间往往是相互关联的。空间聚类划分可根据要素的地理单元之间影响要素的相似程度，采用某种与权重和隶属度有关的距离指标，将评价区域划分若干类别。空间聚类划分的目的是将空间化后的分区指标进行叠加、分类、合并，生成连续的有显著差异的空间格局，最终形成水生态功能分区结果。

4.2　水生态功能分区方法

水生态功能区划分包括自上而下和自下而上两种方法。自下而上和自上而下划分方法的选择取决于：是否能实现分区的目的；在应用中是否易于推广。

自上而下的划分途径是在发生学原则指导下，根据地形地貌、土壤、气候、地质、土地覆被等流域指标，筛选出影响水生态系统结构与功能的主导因子，使用空间叠置、聚类等手段来划分水生态功能区。自上而下的划分途径具有较强的可操作性，能够充分反映流域自然特性，对数据要求程度不高，适合于调查数据缺乏区域的分区，是大尺度分区适用的主要划分方法，其划分结果需要通过水生生物数据采用自下而上的方法进行验证。自下而上是直接采用水生生物、生境类型、水化学等水生态指标进行空间聚类划分，分区结果的误差大小和可靠性取决于调查样点的密集程度。由于需要大量调查数据作为支撑，实施起来相对困难，在大尺度分区时不宜采用该方法为主导进行划分（只适用于验证分析），比较适合于单元和河段尺度的分区。

4.2.1　自上而下分区方法

自上而下的技术途径表现为自上而下顺序划分的演绎（郑度等，2008），通常用在中高层次的分区上，以要素分析为基础，并多采用主导要素指标，其特点是能够客观把握和体现地域分异的总体规律。通常在水生态数据不够充足，不足以揭示详细的分异度时，采用自上而下的分区途径。

根据水生态系统的异质性分析及环境要素的地域分异规律，按相对一致性和区域共轭性划分出最高级区划单位，在大的区划单元内从高到低逐级揭示其内部存在的差异性，逐级向下划分低级单元。该方法在地理学，尤其是我国综合自然区划、部门区划等区划中应用较广，能够充分发挥专家学者的经验和知识，尤其是大尺度的宏观格局的把握方面。

传统的自然地理分区采用自上而下的顺序划分法（图 4-2）：①根据最大尺度的地带性和非地带性分异划分出热量带和自然大区（1_1：热量带界限；1_2：自然大区界限）；②热量带和自然大区互相叠置，便得出地区这一级单位；③根据地区里的地带性差异划分地带、亚地带；④根据地带、亚地带内的省性差异划分自然省；⑤自然省划分为自然州；⑥自然州划分为自然县。

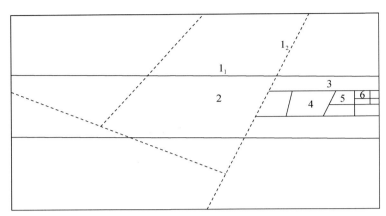

图4-2　自然地理分区自上而下的划分顺序

卢森堡为了满足水生态系统管理需要，对河流建立了具体分类体系，识别了河流自然空间变异规律，实施了分区监测，优化了评估方案（Ferreol et al., 2005）。采用了自上而下的分类方法。首先采用物理地理学指标，如海拔、经纬度、流域面积、坡度、河宽等指标，将河流划分出一级区划；其次在一级区划的基础上采用水体物理化学指标，如温度、pH、DO、总硬度、氯离子等，分出二级区划；最后在二级区划的基础上，采用土地利用指标，如城镇化比例、农田面积比例、林地面积比例、湿地面积比例等，分出三级区划。

中国河流生态水文分区（尹民等，2005）采用了自上而下逐级划分的研究思路：一级区的划分直接采用全国水资源分区的结果；二级分区的划分是在一级分区的基础上叠加中国地貌区划图、中国干燥度图和中国径流带图，得到初步的分区结果；在二级分区的基础上，叠加全国水资源三级分区图、水系与水库节点分布图以及湖泊湿地分布图，同时以全国数字高程模型、河流生态状况等作为辅助信息，通过定性分析与专家判断相结合的方法进行三级区的初步划分。

自上而下分区方法的基本步骤：

1）确定流域边界，对流域的综合性大尺度调查；

2）选取流域性指标（如一级分区选取气候、降水、地貌等，二级分区选取DEM、植被、河流水文条件等）并筛选出适宜的指标作为分区指标；

3）对每一个分区指标进行分区并做成图件（可利用已有的分区图，如气候分区图、降水等值线图等）；

4）将每个指标的分区图叠加或聚类，得到初步的分区结果；

5）通过水生生物格局检验、与其他分区比较、合理性分析、调整边界，获得最终的分区，如图4-3所示。

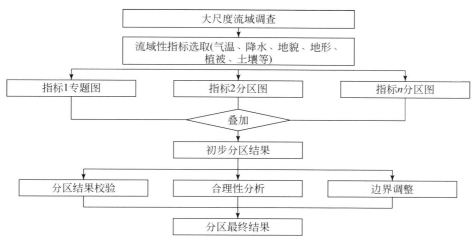

图 4-3　水生态功能分区自上而下的分区途径

4.2.2　自下而上分区方法

自下而上的技术途径表现为自下而上逐级合并的归纳（郑度等，2008），考虑的是在大的分异背景下，揭示和分析中低级分区单元如何集聚成高级分区单元的规律性，对确定低级单位比自上而下的方法更确切、更客观。在中小尺度范围内进行分区时，大尺指标（如气候、地貌、土壤类型）可能不再有明显的差异，决定低级区划单元特征的是其他指标，或者在数据足够多能支持反映低级区划单元的分异规律时，则可以自下而上逐级合并出低级区划单元。

该方法在生态学中运用较多，能够反映"斑块—类型—结构—功能"的景观生态学思想，符合定量、准确、科学的思路。根据研究区域环境要素和水生态系统异质性特征，选取基于生态系统结构的分类指标，并根据各指标反映的水生态功能信息，剔除一些信息量重复或相关度较大的指标，将原始数据标准化处理后，在 GIS 支持下分别提取和计算各指标的指数值，最后通过聚类分析获得区划结果。

自然地理区划中根据土地类型的质和量的对比关系自下而上组合成区划单元（图 4-4）：①划分出各个具体的土地单元；②对土地单元进行分类，区分出三种土地类型（1、2、3）；③去掉土地单元的具体界限，即为土地分异的类型单元图；④根据土地类型的质和量的对比关系，组合成各个自然地理区；⑤去掉土地类型界限，即为自然地理区划单元（Ⅰ、Ⅱ、Ⅲ）。

美国在哥伦比亚（Columbia）河的主要支流威拉米特河（Willamette）流域的淡水分类中，采用了自下而上的分类途径（Higgins et al.，2005）。首先将流域划分出 11 个水生生物单元，选取 5 个关键因素，即地貌特征、水情特征、温度、化学特征、当地动物地理格局，再确定 8 个分类等级，通过这 5 个关键因素分类等级的组合来识别大生境类型，最终定义了 324 种大生境类型。

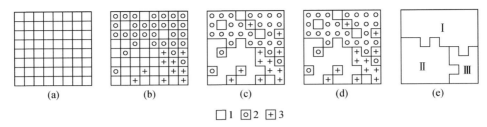

|□1 ◎2 ⊞3|

图 4-4　自然地理区划中自下而上的划分顺序

资料来源：伍光和等（2008）

《中国生态水文分区》（杨爱民等，2008）在分二级区时采用了自下而上的途径：首先一级区采用定性方法划分，即以《全国生态功能区划》与《中国综合自然区划》的一级区为基础，以水资源三级区边界为区界进行分，得到 3 个一级区；在一级区的基础上，以水资源 214 个三级区为单元，采用 ISODATA 模糊聚类分析法进行分类，最后得到 36 个二级区。

自下而上分区方法的基本步骤：

1）开展河流、湖泊小尺度调查，尤其是水文条件、河流级别的调查；

2）将流域划分成若干小流域作为分区单元，数量以适合空间聚类为宜；

3）以小单元为基础，在每个单元内布设采样点位（至少每个单元一个），并开展水生生物、水质、河岸（湖滨）带植被/土壤、土地利用等调查；

4）通过相关性分析、主成分分析等手段，筛选出分区指标；

5）将每个指标都赋予每个单元上；

6）对所有单元进行综合评价、专家分级或进行多元空间聚类（如 ISODATA 模糊聚类），得到初步的分区结果；

7）通过水生生物格局检验、与其他分区比较、合理性分析、小单元合并等，获得最终的分区，如图 4-5 所示。

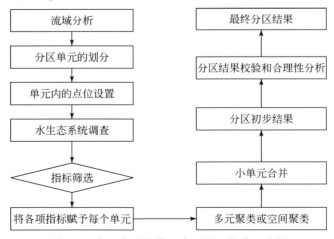

图 4-5　水生态功能分区自下而上的分区途径

4.2.3　两分区方法的结合使用

传统的"自上而下"分区方法由研究者确定定量或定性的区划原则，选择一定划分指标进行划分。因研究者对研究区认识差异和目的不同，选择的区划指标往往差异较大，划分结果也不尽相同。"自下而上"分区方法，根据事物"物以类聚"的基本原理，按其相似性的大小进行两两聚合，最终将各聚类单元全部聚为一类。它以生态学原理为基础，以定量化指标为支撑，整个区划过程科学、客观。

在大范围的区域分区中，往往划分的级序较多，既有中高层次的区划单位，也有中低层次的区划单位。这种情况下，既可以分别采用自上而下的划分和自下而上的划分，还可以两者结合。自上而下的区域对其内部的结构和特性有一定的宏观控制与定位预测的意义，而自下而上的区域给区域单元提供精确的补充。两种途径的结果具有一定的等价性，殊途同归，问题在于确定在哪一级区划单位上衔接和如何衔接。协调的关键是区划指标和方法的协调，因为两种途径的有机结合，最后还是体现在具体的区划指标和方法上。

因此，在每一级分区都可以综合运行自上而下和自下而上方法。根据流域指标进行划分，以及根据水生生物类型指标对分区结果进行验证，在验证结果达不到预期目标的情况下，需要对分区方法进行调整，以获得符合实际状况的分区结果。同时随着新知识的获得，区划边界也需要随着时间不断进行调整，提出最终水生态功能区划分方案，分区结果要征询专家意见和获得管理部门的反馈，并获得地方管理部门的认可。

4.3　水生态功能分区指标获取技术

4.3.1　流域生境要素指标获取技术

（1）指标选取的目的

流域生境要素指标的获取是了解和掌握流域内气候、水文、地貌、土壤、植被、土地利用（景观）、社会经济等生态环境要素的过程，这些要素通常是水生态系统结构和状态的压力因素（外因）。流域生境要素指标获取的目的主要包括：一是了解流域环境生境空间差异性，识别生境环境要素空间分布，为分区打好底图。二是为分区提供流域性备选指标。流域生境要素中有很多指标可能会成为分区指标，如气候、降水、地貌、植被等可能是大尺度分区的指标（表 4-1）。

（2）指标选取的原则和方法

生境要素指标的选取应考虑以下原则：①指标应尽可能地反映出不同区域水生态系统的分异规律。②尽量选取直接性、单因子指标，避免综合性、评价性的指标。因为综合性指标可能会导致指标的重复选择，降低分区指标的信息度，进而导致分区结果的偏离；评

表 4-1　水生态功能分区中的流域生境要素指标

指标类型	指标	单位	定义	计算或测量方法	数据来源
气候	年均温度	℃或℉	1~12月，各观测的气温值的算术平均值	$\dfrac{1}{n}\sum_{i=1}^{n}T_i$	气象站
	降水量	mm	一定时段内液态或固态（经融化后）降水，未经蒸发、渗透、流失而在单位面积累积的深度	一般是用口径20cm²的漏斗收集，用专门的雨量计测出降水的毫米数。如果降水的是雪、雹等特殊形式的降水，则一般将其融化成水深进行测量	雨量站
	蒸发量	mm	水由液态或固态转变成气态，逸入大气的过程称为蒸发。而蒸发量是指在一定时段内，水分经蒸发而散布到空气中的量。一般温度越高，湿度越大，风速越大，气压越低，则蒸发量就越大；反之蒸发量就越小	每天向蒸发皿中加进2cm深的水层，晚上把余水倒进量杯，量出剩余水量。把2cm减去剩余水深就是当天的蒸发量。如果当天有雨，余水中还要扣除当天的降水量	气象站
	湿润指数/干燥度	无量纲	湿润指数和干燥度互为倒数，表征气候的湿润程度。反映了某地、某时段水是可能蒸发量与降水量之比分的收入和支出状况。通常以K表示	$K<1$为湿润地区，$K=1\sim1.25$为半湿润地区，$K>1.25\sim4$为半干旱地区，$K>4$为干旱地区	气象站
	太阳辐射强度	$J/(cm^2\cdot min)$	表示太阳辐射强弱的物理量	单位时间内垂直投射到单位面积上的太阳辐射能量	气象站
	相对湿度	无量纲	湿空气的绝对湿度与相同温度下可能达到的最大绝对湿度之比，也可表示为湿空气中水汽压与相同温度下饱和水汽压之比	RH=水汽密度/饱和水汽密度×100%＝水汽压强/饱和水汽压强×100%	气象站
	积温	℃或℉	指某一时段内逐日平均温度累加之和	逐日平均温度累加之和	气象站
地貌	地貌类型	—	地球表面（包括海底）的各种形态，由内营力和外营力相互作用而形成	高原、山地、丘陵、平原、盆地等	测绘部门
	绝对高程	m	某点沿铅垂线方向到绝对基面的距离	水准测量、三角高程测量	测绘部门

续表

指标类型	指标	单位	定义	计算或测量方法	数据来源
地貌	DEM	m	是一定范围内规则格网点的平面坐标（X，Y）及其高程（Z）的数据集，它主要是描述区域地貌形态的空间分布（包括采样和量测），是通过等高线或相似相关的空间数据集，然后进行数据内插构成的。DEM是对地貌形态的虚拟表示，可派生出等高线、坡度图等信息，也可与数字正射影像图（digital orthophoto map，DOM）或其他专题数据叠加，用于与地形相关的分析应用，同时它本身还是制作DOM的基础数据	①直接从地面测量，如用GPS、全站仪、野外测量等；②根据航空或航天影像，通过摄影测量途径获取，如立体坐标仪观测及空三加密法，解析测图、数字摄影测量等；③从现有地形图上采集，如格网读点法，数字化手扶跟踪及扫描仪半自动采集，然后通过内插生成DEM	国家基础地理信息中心
	相对高程	m	相对高程指测量点到假定水准面的铅垂距离	假定一个水准面作为高程起算基准面，这个水准面称为假定水准面	计算
	坡度	%，(°)	地表单元陡缓的程度	$i=h/l$；式中，i 为坡度；h 为坡面的铅直高度；l 为坡面的水平宽度	DEM
	起伏度	m	是指在一个特定的区域内，最高点海拔与最低点海拔的差值。它是描述区域地形特征的一个宏观性的指标	一定范围内海拔的最大值和最小值之差	测绘部门、DEM
	地质类型	—	指地球的物质组成、结构、构造、发育历史等，包括地球的圈层分异、物质成分、岩石性质、化学性质，矿产物成、岩层和岩石的产出状态、接触关系、地球的构造变动发育史、生物进化史、气候变迁史，以及矿产资源的赋存状况和分布规律等	列出类型和体系	测绘部门
	地貌类型面积比	%	在一个特定区域内，某种地貌面积占整区域面积的百分比	列出类型，某种地貌面积占整个区域面积的百分比	测绘部门

续表

指标类型	指标	单位	定义	计算或测量方法	数据来源
水文	径流深	m	在某一给定时段的径流总量以相应集水面积所得的商	在某一时段内通过河流上指定断面的径流总量（W，以立方米计）除以该断面以上的流域面积（F，以平方千米计）所得的值	水文站、计算
	径流系数	无量纲	一定汇水面积地面径流量（mm）与降水量（mm）的比值	任意时段内的径流深度 x（或径流总量 W）与同时段内的降水深度 x（或降水总量）的比值	计算
	河网密度	km/km²	单位流域面积内干支流的总长，反映流域水系分布的密度	D=L/A；式中，D 为一定区域内的河网密度；L 为一定区域内的河流长度之和；A 为区域面积	GIS
土壤	类型	—	陆地表面由矿物质、有机物质、水、空气和生物组成，具有肥力，能生长植物的未固结层	冰沼土、灰化土、灰色森林土、黑钙土、栗钙土、棕钙土、高寒土、荒漠土、红壤、砖红壤等	土壤图
	土壤粒径组成	—	土壤基质由不同比例、粒径粗细不一、形状组成各异的颗粒组成，一般分为砾、砂、粉粒和黏粒四级。分析土壤粒径类型是为了确定土壤质地，影响土壤水、肥、气、热的保持和运动，并与植物生长发育有密切的关系	共8级：1～2mm 极粗砂；0.5～1mm 粗砂；0.25～0.5mm 中砂；0.10～0.25mm 细砂；0.05～0.10mm 极细砂；0.02～0.05mm 粗粉粒；0.002～0.02mm 细粉粒；小于0.002mm 黏粒	土壤图
	土壤质地	—	按土壤中不同粒径颗粒相对含量的组成而区分的粗细度。将土壤的颗粒组成区分为几种不同的组合，并给每个组合一定的名称，这种分类命名称为土壤质地。例如，砂土、砂壤土、中壤土、轻壤土、黏土、重壤土、黏土等	砂壤土：干时手握成团，但极易散落；湿时手握成团后，用手小心拿不会散开。壤土：干时手握成团，用手小心触动不散开；湿时手握成团后，一般用手弄碎。粉壤土：干时成块，但易弄碎；湿时成团或成为塑性胶泥。湿时可用拇指与食指搓不成条，呈散状。黏壤土：湿土可用拇指与食指搓成条，但任住受黏着性，不住自身重量。黏土：干时常为坚硬的土块，湿时极可塑。通常有黏着性，手指同搓捻呈长的可塑土条	土壤图

续表

指标类型	指标	单位	定义	计算或测量方法	数据来源
土壤	有机质含量	—	泛指土壤中来源于生命的物质，包括土壤微生物和土壤动物及其分泌物以及土体中植物残体和植物的分泌物	采用重铬酸钾容量法测定土壤有机碳含量。限定土壤中有机质（SOM）含碳58%来计算，土壤有机质含量＝土壤中有机碳×1.724。土壤中有机质含量58%是一个经验数值	土壤图
	渗透系数	m/d	又称水力传导系数，在各向同性介质中，它定义为单位水力梯度下的单位流量，表示流体通过孔隙骨架的难易程度	$K=k\rho g/\eta$；式中，K 为渗透系数，它只与固体骨架的性质有关；ρ 为流体密度；g 为重力加速度。在各向同性介质中，渗透系数以张量形式表示。岩石透水性愈强，渗透系数愈大。强透水的粗砾砂层渗透系数为 $1\sim0.01\,\mathrm{m/d}$；$>10\mathrm{m/d}$；弱透水的亚砂土渗透系数为 $0.001\,\mathrm{m/d}\sim0.01\,\mathrm{m/d}$。据此可见，土壤渗透系数决定于土壤质地。不透水的黏质土渗透系数 $<0.001\mathrm{m/d}$，为渗透性很弱的土壤质地	土壤图
	土壤侵蚀模数	$\mathrm{t/(km^2 \cdot a)}$ 或 $\mathrm{m^3/(km^2 \cdot a)}$ 或 $\mathrm{t/km^2}$ 或 $\mathrm{m^3/km^2}$	单位面积土壤及土壤母质在单位时间内侵蚀量的大小，是表征土壤侵蚀强度的指标，用以反映某区域单位时间内侵蚀强度的大小	土壤侵蚀模数的单位通常有两类：①表征单位面积年度侵蚀量大小的单位为 $\mathrm{t/（km^2 \cdot a）}$ 或 $\mathrm{m^3/（km^2 \cdot a）}$。②表征某区域某次降水条件下单位面积侵蚀量大小的单位为 $\mathrm{t/km^2}$ 或 $\mathrm{m^3/km^2}$	
植被	植被类型	—	植被是覆盖地表的植物群落的总称。植被可以因为生长环境的不同而被分类，如高山植被、草原植被、海岛植被等。环境因素（如光照、温度和雨量等）会影响植物的生长和分布，因此形成了不同的植被	针叶林、阔叶林、灌丛和萌生矮林、荒漠和旱生灌丛、草原、草甸、草本沼泽等	植被类型图集
	归一化植被指数（NDVI）	无量纲	利用卫星不同波段探测数据组合而成的植被指数。植物叶面在可见光红光波段（R）有很强的吸收特性，在近红外波段（NIR）有很强的反射特性，这是植被遥感监测的物理基础，通过这两个波段测量值的不同组合可得到不同的植被指数，归一化值为两通道反射率之差除以它们的和	$NDVI=（NIR-R）/（NIR+R）$；$-1\leq NDVI\leq1$，负值表示地面覆盖为云、水、雪等，对可见光高反射；0表示有岩石或裸土等，NIR 和 R 近似相等；正值表示有植被覆盖，且随覆盖度增大而增大	遥感

续表

指标类型	指标	单位	定义	计算或测量方法	数据来源
	比值植被指数（RVI）	无量纲	比值植被指数又称为绿度，为二通道反射率之比，能较好地反映植被覆盖度和生长状况的差异，特别适用于植被生长旺盛，具有高覆盖度的植被监测	RVI=NIR/R；绿色健康植被覆盖地区的RVI远大于1，而无植被覆盖的地面（裸土、人工建筑、水体、植被枯死或严重虫害）的RVI在1附近。植被的RVI通常大于2	遥感
	调整土壤亮度的植被指数（SAVI）	无量纲	解释背景的光学特征变化并修正NDVI对土壤背景的敏感	$SAVI=((NIR-R)/(NIR+R+L))(1+L)$；$L=0$时，表示土壤背景的影响为零；$L=1$时，表示植被覆盖度为零，即植被覆盖度非常高，土壤背景的影响为零，这种情况只有在被树冠浓密的高大树木覆盖地的地方才会出现	遥感
	差值环境植被指数（DVI）	无量纲	为二通道反射率之差，目的是解释背景的光学特征变化并修正NDVI对土壤背景的敏感	$DVI=NIR-R$	遥感
	绿度植被指数（GVI）	无量纲	反映植被与土壤光谱特性的关系。K-T变换后表示绿度的分量	通过K-T变换使植被与土壤的光谱特性分离。K-T变换后得到的第一个分量表示土壤亮度，第二个分量表示绿度，第三个分量随传感器不同而表达不同的含义	遥感
植被	植被郁闭度	无量纲	林地中乔木树冠遮蔽地面的程度。它是树冠投影面积与林地面积的比值，常用十分法表示，为0.1~1.0	根据FAO规定，0.70（含0.70）以上的郁闭林为密林，0.20~0.69为中度郁闭，0.20（不含0.20）以下为疏林	一般情况下常采用一种简单易行的样点测定法，即在林分调查中，机械设置100个样点，在各样点位置上抬头垂直观视的方法，判断该样点是否被树冠覆盖，统计被覆盖的样点数，利用下列公式计算林分的郁闭度：郁闭度=被树冠覆盖的样点数/样点总数

续表

指标类型	指标	单位	定义	计算或测量方法	数据来源
植被	覆盖度	无量纲	林地中灌木等对于地表遮盖占据的地表面积与总林地地表面积之比		遥感地理信息系统
		%	人类根据土地的自然特点，按一定的经济、社会目的，采取一系列生物、技术手段，对土地进行长期性或周期性的经营管理和治理改造。在一定区域内某一类型土地面积占整个区域面积的百分比	$A_i/A \times 100\%$	遥感地理信息系统
土地利用景观格局	斑块类型面积比例（PLAND）	%	某一斑块类型的总面积占整个景观面积的百分比	$0 < \mathrm{PLAND} \leq 100$	遥感地理信息系统
	斑块数（NP）	个	在类型级别上等于某一斑块类型的斑块个数；在景观级别上等于景观中所有斑块总数	$NP = N,\ NP \geq 1$	FRAGSTAT
	景观形状指数（LSI）	无量纲	通过计算某一景观形状与相同面积的正方形之间的偏离程度来测量其形状的复杂程度	以正方形为参照。$\mathrm{LSI} = 0.25E/\sqrt{A}$；$P$ 为斑块周长，A 为斑块面积。斑块的形状越复杂或越偏离正方形，LSI 值就越大	FRAGSTAT
	破碎度	无量纲	破碎度表征景观被分割的破碎程度，反映景观空间结构的复杂性，在一定程度上反映了人类对景观的干扰程度。它是由自然或人为干扰所导致的景观由单一、均质和连续的整体趋向于复杂、异质和不连续的斑块镶嵌体的过程，景观破碎化是生物多样性丧失的重要原因之一，它与自然资源保护关系密切相关	$C_i = N_i/A_i$；式中，C_i 为景观 i 的破碎度；N_i 为景观 i 的斑块数；A_i 为景观 i 的总面积	FRAGSTAT

续表

指标类型	指标	单位	定义	计算或测量方法	数据来源
土地利用/景观格局	聚集度(CONT)(邬建国,2007)	无量纲	反映景观中不同斑块类型的非随机性聚集程度或聚集度。如果一个景观由许多离散的小斑块组成,其聚集度的值较小;当景观中以少数大斑块为主或同一类型斑块高度连接时,其聚集度的值则较大	$\mathrm{CONT}=\left[1+\sum\limits_{i=1}^{m}\sum\limits_{j=1}^{n}\dfrac{P_{ij}\ln(P_{ij})}{2\ln(m)}\right](100)$;式中,m 为斑块类型总数;P_{ij} 为随机选择的两个相邻栅格细胞属于类型 i 与 j 的概率。聚集度指数通常受到类型总个数及类型斑块的聚集程度,但其取值还受同一类斑块均匀度的影响。$0<\mathrm{CONT}\leqslant100$	FRAGSTAT
	Shannon多样性指数(SHDI)	无量纲	景观多样性是指不同类型的景观在空间结构、功能机制和时间动态方面的多样化与变异性	$\mathrm{SHDI}=-\Sigma(P_i)\ln(P_i)$	FRAGSTAT
社会经济	人口	人	通常是指一个地理区域的人的数目	H	统计资料或遥感数据
	人口密度	人/km²	单位面积土地上居住的人口数,是反映某一地区范围内人口疏密程度的指标	人口密度=人口数/面积	统计资料或遥感数据
	人均GDP	万元	人均国内生产总值,也称作人均GDP,常作为发展经济学中衡量经济发展状况的指标,是重要的宏观经济指标之一,它是人们了解和把握一个国家或地区的宏观经济运行状况的有效工具	人均GDP=总产出(即GDP总额,社会产品和服务的产出总额)/总人口	统计资料或遥感数据
	单位面积土地GDP	万元/km²	单位面积土地上的GDP值	单位面积土地GDP=总产出(即GDP总额,社会产品和服务的产出总额)/面积	统计资料或遥感数据
	水资源开发利用率	%	体现的是水资源开发利用程度	水资源开发利用率=用水量/水资源总量	统计资料

价性指标会增加人为主观性，降低分区结果的可信度。③选择相对稳定的指标，避免易变性指标。分区的结果应具有一定的稳定性，在较长的一段时间内不应发生改变，因此选择的指标应该具有一定的稳定性。

流域生境要素指标涉及地理、水文、景观生态、社会经济等多个学科领域，而且指标数量较多，几乎不可能逐个调查测量。因此，借鉴这些领域已有的数据资料是很有必要的，可以大大提高指标获取的效率。一些较稳定的指标类型，如气候、降水、地貌、地质、土壤类型等要素，可以查阅以往的资料；而对于需要更新的数据的获取，如土地利用、景观格局等，则可以通过遥感和地理信息系统的技术手段来实现。

（3）指标选取

流域生境要素指标从类型上主要分为气候指标、地貌指标、水文指标、土壤指标、植被指标、土地利用/景观格局指标、社会经济指标。这些指标基本涵盖了水生态功能分区可能用到所有生境要素。表 4-1 列出了所选的各类型指标及其获得方法。其中某些指标列出了国际组织或中国的分级标准，如湿润指数、地貌类型、植被郁闭度等，在特定的研究区（流域）中，这些等级可能不适用，指标阈值范围可能小于既定的标准，其差异性不明显。这种情况下，可以根据所研究流域自身的特点，划分自己的分级标准，以体现差异性。

4.3.2 水生生物特征指标获取技术

（1）指标选取的目的

水生态功能分区的应用之一就是要识别水生生物的区域差异，以恢复水生态健康为目标制定相应的环境管理措施。因此获取水生生物信息，了解水生生物的分布特征及群落结构，分析在环境要素的外因作用下水生生物的生态响应，掌握流域内水生生物的分布格局是水生态功能分区的关键，同时也可以对水生态功能分区结果进行水生生物校验。

（2）指标选取的原则和方法

水生生物指标选取的原则：①选择对生境要素敏感的水生生物指标。所选择的水生生物指标对生境要素的变化有较为显著的响应，如藻类对水中营养盐浓度变化比较敏感，某些底栖动物类群对流速变化具有显著的响应。②选择易于监测的水生生物指标。可以选择如浮游生物、大型挺水植物、大型底栖动物和鱼类等易于监测的水生生物类型。③选取的指标要能够客观直接地反映水生生物的群落结构特征，避免选择评价性的指标。水生生物特征调查实际上是对流域水生生物自然状况的一个本底调查，不适宜采用具有人为主观的评价指标。④所选指标应与环境因子变化呈单调相关性，即能够通过指标来预测环境因子的变化趋势。

对水生生物监测的结果，反映的是现状特征，而往往现状特征已经受到了人类活动的干扰，可能监测不到当地历史上的优势种和珍稀特有种，不能真实客观地反映原始的自然状态。因此，历史资料的收集和分析显得十分重要，可以帮助我们了解水生生物的退化规律，以及提出水生生物保护物种提供依据。

（3）指标选取

鱼类、底栖动物、附着藻类、水生维管束植物以及浮游生物是水生态系统的主要生物类群，其群落的结构和多样性具有整合不同时间尺度上各种化学、生物与物理影响的能力，既可以反映长期人为活动造成的水生态系统退化的结果，同时对某些突发性的污染事件也具有较好的指示作用。

水生生物要素数据主要通过水生态样点野外调查获取，同时通过调查获取直接和计算间接的指标，主要的水生生物特征指标有物种数量、个体数量、生物密度、生物量、优势种、广布种、物种多样性、群落相似性系数等，这些指标适用于各类群水生生物，不同的类群指标反映的尺度不同，指标变化的空间尺度通常按照水生维管束植物、鱼类、底栖动物、浮游生物的顺序逐渐减小（表4-2）。水生态调查的方法和更多指标的计算见《河流生态调查技术方法》。

表4-2　用于水生态功能分区的水生生物特征指标及其获取方法

指标	定义		单位	获取方法
物种数量	样点出现的物种数		种	
个体数量	样点出现的物种个体数		个	
生物密度	单位面积内的物种个体数		个/m²	个体数量/采样面积
生物量	样点内物种重量		g	称重
优势种	物种个体数占总个体数量的比例超过一定比值的物种		0~1	此比例通常为5%
广布种	样点中出现频率最高的物种		0~1	
物种多样性	一定时间一定空间中全部生物或某一生物类群的物种数目与各个物种的个体分布特点	Shannon-Wiener 多样性指数		$H' = -\Sigma\ (P_i \log_2 P_i)$；式中，$P_i$ 为物种 i 的相对丰富度，其计算用物种 i 的个体数除以群落中总的个体数
		Simpson 指数		$D = 1 - \Sigma P_i^2$，P_i 与上面定义一致
		均匀度指数		$J' = H'/H_{max}$；式中，H_{max} 为群落最大可到达的 Shannon 多样性，通常计算公式为 $H_{max} = \log_2 S$，其中 S 为物种数
		Berger-Parker 指数	0~1	$d = N_{max}/N$；式中，N_{max} 为群落中最优势类群的个体数数量，N 为群落总个体数

续表

指标	定义	单位	获取方法
群落相似性系数	两个群落（或者两个样点）间相似性程度，常用的是 Jaccard 相似性指数	0~1	$S=2c/(a+b)$；式中，c 为共同出现的物种；a 和 b 分别为两个样点的物种数

4.3.3 水生生境指标获取技术

（1）指标选取的目的

水生生境是水生生物赖以生存的空间，它包含了水生生物生活所需要的各种要素，如活动空间、水量、营养、食物、产卵场等，对水生态特征有综合指示作用。水生生境的类型和质量直接影响水生生物健康，在自然状态下，生境类型、生境结构则决定了水生生物的群落结构特征，进而影响水生生物功能的构架。

（2）指标选取的原则和方法

水生生境类型指标的选取原则主要有：①基于生态系统过程选取生境类型指标。分析生境类型和结构的生态学意义，认清生境对水生生物的影响机制，有助于准确地选取生境指标。②基于小流域和河段尺度选取指标。我们所选的生境指标主要是小流域尺度（如河网密度、河流蜿蜒度等）或河段尺度，与河道断面尺度（如泥底河段、急流河段等）不同。

河流生境类型指标数据来源通常是 DEM 数据，利用 GIS 软件中的水文分析模块来提取。

（3）指标选取

根据生境类型指标选取的原则，初步选取了 8 个指标，即流域面积、河流梯度、河流海拔、河流等级、河流地质、河流连接度、河网密度和蜿蜒度。这些指标都是基于大生境尺度下能够影响水生生物特征的指标（表 4-3）。

表 4-3 河流生境类型初选指标

指标	生态意义	计算方法	命名
流域面积	产汇流	DEM、GIS	
河流梯度	决定了水动力学特性，与流速，基质类型，河道单元形态和河道内栖息地相关	常用坡降指标：流域内河流起点和终点海拔的差值除以流域的长度	低坡降/中坡降/高坡降
河流海拔	影响气候和植被格局，进而影响元素输入、水文气候格局	ArcGIS 空间可视化工具配合提取海拔	高山/低山/山麓

指标	生态意义	计算方法	命名
河流等级	与河道形态、类型、栖息地比例、栖息地稳定性和流量相关	Strahler 的河流等级分类系统	河源/小溪/中级别河流/高级别河流
河流地质	影响生态系统特征、水源、水化、地貌、基质以及水文格局	定性分类	花岗岩/玄武岩/页岩/火山岩/沉积砂岩等
河流连接度	上游或下游大生境的尺寸和类型，影响不同季节或极端气候期的河流栖息地生境	定性分类	不连接/上游连接/下游连接
河网密度	与栖境多样性相关，影响生态系统多样性	流域单位面积内的河流长度	高/中/低河网密度
蜿蜒度	与栖境多样性相关，影响生态系统多样性	河流中心线长度与流域中心线长度之比	高/中/低蜿蜒度

4.3.4　小流域单元提取技术

（1）小流域单元提取原则

小流域单元提取原则主要有：①流域完整性原则。即使是小流域，也应具有空间独立性和完整性，这是我们水生态功能分区研究过程中一以贯之的流域完整性理念。②同质性原则。小流域单元作为指标评价的最小同质单元，即在这个单元的任意一点的属性都是相同的。当然这是主观认定的，本书认为在这个单元中各种属性的差异很小，或者没有必要再进一步区分，已经能够满足分区目标。

（2）小流域单元提取方法

小流域单元提取技术在水生态功能分区中适用于自下而上的分区技术途径，主要用于5~8级分区。小流域作为水生态功能分区的基本单元，既要能够反映一定面积区域内的属性特征时，又要能够保证实现地学统计运算，得到合理的分异效果。因此，小流域单元的面积不宜过大也不宜过小，平均单元的面积约为100km²。当某一个小流域生态系统特征明显区别于其他小流域时，即使面积很小，也应该独立成一个单元，不应局限于面积大小；反过来，当很大面积的区域具有相似的生态系统特征时，也应该独立成一个小流域单元。

小流域单元提取的主要思路是：

1）利用高程图（DEM或等高线图），识别分山脊和山凹，提取出河道或潜在河道以及分水岭；平坦地区可利用公路、小道、行政边界等进行提取。

2）从河口开始，沿分水岭再回到河口，勾描出一个封闭的多边形，形成一个真实小流域。

3）将真实小流域以外的区域，包括多条直接入干流的支流及其周边陆域，形成一个合成的小流域，这个小流域的面积与真实小流域面积要相适应，可能跨及多个分水岭。真实小流域和合成小流域如图 4-6 所示。

图 4-6 流域划分中的真实流域和合成流域

资料来源：Maxwell 等（1995）

4）与已有的同级别水资源分区图进行比对，调整相差较大的边界。

5）利用实际水系图，对小流域间的边界和河口汇流处进行调整，尽量保证一个河段只在一个流域内。

6）可以忽略人工修整的河道和池塘。

在 20 世纪 90 年代之前，流域提取通常都是人工完成的。随着空间 DEM 数据和 GIS 技术的出现，基本实现了计算机自动提取流域单元。流域提取的准确度依赖 DEM 数据的精度。DEM 的精度要求随着流域提取等级的升高而升高。同时，由于需要保持流域的完整性，又要满足空间聚类的有效性，对 DEM 数据的精度要求则更为严格，尤其是在平原地区。

目前，基于 DEM 提取流域河网主要有四种不同算法：移动窗口算法、坡面径流模拟算法、谷线搜索算法、从 DEM 直接提取河网与划分子流域的方法。利用软件自动提取的单元边界存在许多不合理的地方，根据小流域单元提取的原则，可以利用详细的水系图对小流域边界进行合并或调整。因此，在利用自动软件提取小流域单元时，设定单元数量应多于预定的最终单元数量，以便合并和调整。

4.4 流域生境要素空间异质性分析技术

4.4.1 空间异质性分析的目的

水生态功能分区反映了地貌、地形、气候、水文、土壤、植被以及人类影响因子间的作用关系，这些因素在不同尺度上相互作用，共同决定着水文、河道形态、基质类型等物理及水化学特征，从而进一步影响水生生物群落的分布和结构，最终导致水生态系统的类型差异。因此在区划指标选取前，需要对流域生境要素进行特征分析，找出生境要素的空间变异规律和空间变异尺度，以此作为分区指标筛选的重要依据。

4.4.2 空间异质性分析技术

流域生境要素通常都是区域化变量，其变化与空间位置、距离相关，距离越近，指标属性的数值越接近，距离越远，属性的数值相差越大，呈现明显的空间变化规律（王政权，1999）。例如，某点的海拔与邻近点的海拔数值相近，随着距离增加，数值相差越大，当距离增加到一定程度时，数值间不再有关联性。

区域化变量通常采用地统计学方法进行分析。地统计学研究的变量不是纯随机变量，而是区域化变量。该区域化变量根据其在一个域内的空间位置取不同的值，它是随机变量与位置有关的随机函数。因此，地统计学中的区域化变量既有随机性又有结构性。

首先区域化变量是一个随机函数，它具有局部的、随机的、异常的性质。其次区域化变量具有一般的或平均的结构性质，即变量在点 X 与 $X+h$（h 为空间距离）处的数值 $Z(x)$ 与 $Z(x+h)$ 具有某种程度的自相关，这种自相关依赖于两点间的距离 h 及变量特征，这就体现其结构性。此时称 $Z(x)$ 为区域化变量，$Z(x)$ 的空间特征由变异函数（或半变异函数）来描述。

在地统计学分析中，样本数据必须满足正态分布和平稳性的前提假设，对不符合正态分布假设的数据，应对数据进行变换，转化为符合正态分布的形式，并尽量选取可逆的变换形式，最后通过以区域化变量为基础的克里金（Kriging）插值方法，对这些数据进行最优无偏内插线性估计。

（1）数据处理

地统计学分析样本数据必须满足正态分布和平稳性的前提假设，因此首先需要检查数据的概率分布特征。根据科尔莫戈罗夫–斯米尔诺夫（Kolmogorov-Smirnov）检验对各变量进行正态分布检验。如果数据是偏态分布的，即向一边倾斜，可以选择数据变换使之服从正态分布，常用的变换函数包括对数变换、平方根变换、倒数变换、平方根反正弦变换等。

因此在创建表面之前了解的数据分布非常重要。首先调用 ArcGIS 的 Explore Data 模块，利用直方图（柱状图）、正态 QQ 图等工具对采样空间的数据分布进行分析，从其图像上找到这些环境数据在空间分布上存在的一些异常值，并剔除异常值。如果在直方图或正态 QQ 图中，数据都没有显示出正态分布，那么就有必要在应用某种克里金插值之前对数据进行转换，使之服从正态分布。

（2）模型的建立及交叉验证

目前在 GIS 领域广泛运用的空间插值方法包括反距离加权（IDW）、三角网（TIN）、样条插值（Spline）和克里金（Kriging）等。其中，IDW 方法通过反距离函数模拟采样点的邻域，忽视了空间结构信息和领域以外的信息联系；TIN 方法通过对每三个采样点建立线性函数来模拟三个采样点的所在区域，丢弃了非线性信息和空间结构信息；Spline 方法将所有曲面近似的用一系列曲线进行连续模拟，只适用于很有限的一部分特殊曲面；Kriging 方法是一种广义的线性回归方法，Kriging 插值又称空间局部插值法，以半方差函数理论和结构分析为基础，在有限区域内对区域化变量进行无偏最优估计，被广泛地应用于地质学、水文学、土壤科学、气象学、农业、遥感、石油工程、生态、海洋、资源与环境以及其他研究"时空变量"的领域。

新近发展的 Kriging 方法与 GIS 地统计学方法的结合，满足了要求处理强大的空间数据的管理功能和可视化表达，更加完善了地统计的空间分析功能，并且经研究证明，地统计学既考虑到了样本值的大小，又重视了样本空间位置及样本间的距离，弥补了经典统计学忽略空间方位的缺陷。

4.5　水生态功能分区指标筛选技术

4.5.1　指标筛选的目的

水生态系统的结构、功能及其形成过程是多要素综合作用的结果，如何从众多影响因子中选取对水生态特征起关键作用的因子是水生态功能分区的关键。因此指标筛选的目的就是要通过主成分分析、相关性分析等统计学方法，在指标与水生态相关性分析的基础上，去除冗余信息，识别主导因子，筛选出对分区结果贡献率最高的指标，能够客观、简单、快速、有效地实现水生态功能分区。

4.5.2　指标筛选的原则

水生态功能分区指标既具有普适性的特征，又具有流域性特征。因此指标筛选的原则既应考虑共性原则，又要考虑个性原则（流域原则）：①主导性原则。在筛选各级分区指标时，应在综合分析各要素的基础上，抓住其主导因素。主导性指标应具有数目适中、能反映绝大多数影响因素的信息以及确定内涵的特点，能够实现分区因素与水生态系统特征（结构与功能）之间关系的定量化描述。②独立性原则。指标能够独立地反映与分区目标的相互作用，而不依赖其他指标，也就是我们常说的指标之间相关性差。③直接性原则。尽量选取直接性、单因子指标，避免综合性、评价性的指标。因为综合性指标可能会导致指标的重复选择，降低分区指标的信息度，导致分区结果的偏离；评价性指标会增加人为主观性，降低分区结果的可信度。④单调性原则。筛选后的指标应随着目标值的变化呈现单调递增或单调递减，即线性正负相关，在分析目标值变化时可以清楚地识别作用指标的变化。⑤灵敏性原则。在流域的不同单元上，筛选后的指标值应该有足够的变异度（变化幅度或阈值），可以明显地表征空间差异性，利于分级。如果某个指标的值变异度很小，虽然也能支持分级，但这个变化幅度在该尺度下不能引起任何目标的变化，表现为全流域的同质性，这样的指标在分区上是没有意义的。⑥多样性原则。水生态功能分区是一个综合性分区，涉及环境要素、生境类型、生态功能、社会经济等方面，为维持分区体系的完整性，指标类型应保持多样化。⑦时间稳定性原则。选择相对长期稳定的指标，避免易变性指标。分区的结果应具有一定的稳定性，在较长的一段时间内不应发生改变，因此选择的指标应该具有一定的稳定性。

4.5.3　指标筛选的方法

指标筛选主要包括指标敏感性分析、指标空间自相关分析、水生态相关分析、指标冗余度分析等技术环节，逐步耦合选取体现出区域分异规律、对水生态系统空间差异具有主导因素的关键指标。指标筛选的方法有很多，大致可以归纳为以下几种：主成分分析（principal component analysis，PCA）、层次分析（analytic hierarchy process，AHP）、典范对应分析（canonical correspondence analysis，CCA）、除趋势典范对应分析（detrended canonical correspondence analysis，DCCA）、线性回归（linear regression，LR）分析、空间自相关（spatial auto-correlation）分析、专家判别（expert identification）。表4-4列出了这几种方法的主要内容。

第 4 章 水生态功能分区方法与关键技术

表 4-4　指标筛选方法

名称	目的	原理	基本步骤
主成分分析	既可以降低变量维数，又可以对变量进行分类	从多个实测的原变量中提取出较少的、互不相关的、抽象的综合指标，即主成分，每个原变量可用这些提取出的主成分的线性组合表示，同时，根据各个主成分对原变量的影响大小，也可将原变量划分为等同于主成分数目的类数	1) 标准化； 2) 计算变量间内积矩阵 S； 3) 求内积矩阵 S 的特征根； 4) 求特征根对应的特征向量 Y； 5) 求排序坐标向量； 6) 求属性的负荷量
层次分析	是对一些较为复杂、较为模糊的问题作出决策的简易方法，它特别适用于那些难于完全定量分析的问题	将一个由相互关联、相互制约的众多因素构成的复杂而在任缺少定量数据的系统进行决策和排序	大体上可按下面四个步骤进行： 1) 建立递阶层次结构模型； 2) 构造出各层次中的所有判断矩阵； 3) 层次单排序及一致性检验； 4) 层次总排序及一致性检验
典范对应分析	典范对应分析是由对应分析修改而产生的新方法。它是把对应分析和多元回归结合起来，每一步计算结果都与环境因子进行回归，进而详细地研究植被与环境的关系	从总体上把握两组指标之间的相关关系，分别在两组变量中提取有代表性的两个综合变量 U_1 和 V_1（分别为两个变量组中各变量的线性组合），利用这两个综合变量之间的相关关系来反映两组指标之间的整体相关性	1) 任意给定样方排序初始值； 2) 计算种类排序值，其是样方排序方的加权平均； 3) 用加权平均法求样方新值； 4) 用多元回归分析计算样方排序值与环境因子间的回归系数； 5) 计算样方新值； 6) 对 Z 值进行标准化； 7) 以 Z（a）为基础回到步骤 2），重复以上过程； 8) 求第二排序轴； 9) 计算环境因子的排序坐标； 10) 绘制双序图

续表

名称	目的	原理	基本步骤
除趋势典范对应分析	DCCA采用与DCA相同的除趋势方式，也就是将第一轴分成数个区间，在每一区间内通过中心化调整第二轴的坐标值，而去除"弓形效应"的影响。DCCA是CCA+除趋势，也可以说是CCA和DCA的结合	DCCA是在CCA基础上改进而成的，即在每一轮方值运算后，用样方加权平均值的种值与环境因子之间的回归系数，计算做一次多元线性回归，用回归系数与环境因子原始值计算出样方分值再用于新一轮选代计算，这样得出的排序轴代表环境约束的第二对应分析（CCA）。然后加入除趋势算法去掉第一、第二排序轴间的相关性产生的"弓形效应"而成为DCCA	1) 选择样方排序的初始值； 2) 计算种类排序的初始值； 3) 求样方排序新值； 4) 计算样方与环境因子之间的回归系数； 5) 计算样方新值； 6) 对样方排序值进行标准化； 7) 回到步骤2），重复选代过程，得到稳定的值； 8) 求第二排序轴，这一步同CCA步骤8），只是将正交化换成除趋势； 9) 求环境因子坐标值； 10) 绘排序图，同CCA一样组成双序图
线性回归分析	回归分析是分析环境关系最常用的方法之一，它适合于涉及环境因子较少的数据分析，分别可使用一元线性回归或多元线性回归进行研究	一元线性回归只涉及一个环境因子，它的模型为 $y = b_0 + b_1 x$；多元线性回归涉及两个或两个以上的环境因子，其通式为 $y = b_0 + b_1 x_1 + b_2 x_2 + \cdots + b_k x_k$	一元线性回归：b_1 和 b_0 可以用最小二乘法估计；多元线性回归：b_1, b_2, $\cdots$, b_k 为回归系数，k为环境因子数，b_0 为常数项。可以用最小二乘法逐一得到如下方程组：$$\begin{cases} S_{11}b_1 + S_{12}b_2 + \cdots + S_{1k}b_k = S_{1y} \\ S_{21}b_1 + S_{22}b_2 + \cdots + S_{2k}b_k = S_{2y} \\ \vdots \quad \vdots \quad \cdots \quad \vdots \\ S_{k1}b_1 + S_{k2}b_2 + \cdots + S_{kk}b_k = S_{ky} \end{cases}$$

续表

名称	目的	原理	基本步骤
线性回归分析	回归分析是分析环境关系最常用的方法之一，它适合于涉及环境因子较少的数据分析，分别可使用一元线性回归或多元线性回归进行研究	一元线性回归只涉及一个环境因子，它的模型为 $y = b_0 + b_1 x$；多元线性回归涉及两个或两个以上的环境因子，其通式为 $y = b_0 + b_1 x_1 + b_2 x_2 + \cdots + b_k x_k$	式中 S 代表方差，比如 $s_{11} = \sum x_1^2 - \dfrac{\left(\sum x_1\right)^2}{n}$，$s_{12} = \sum x_1 x_2 - \dfrac{\sum x_1 \sum x_2}{n}$ 等，以此类推。解该方程组，就可以得到 $b_1, b_2, \cdots, b_k$ 的值。对于 b_0，它等于 $b_0 = \bar{y} - b_1 \bar{x}_1 - b_2 \bar{x}_2 - \cdots - b_k \bar{x}_k$ 通过——计算，就可得到回归方程。
空间自相关分析	识别环境因子的空间变异幅度，为水生态功能分区指标筛选提供依据	自然界的环境因子大多数是区域性变量，一定范围内的环境因子受周围因子的影响，基于环境因子的这种特征计算其半方差函数，找到其稳定的空间幅度，即其空间自相关距离	1）收集数据； 2）数据空间化，保证数据具有坐标； 3）利用 GS+ 或 ArcGIS 等软件计算环境因子的半变异函数，计算其变程值，即空间自相关距离 4）根据流域面积，确定因子的变异距离在流域内是否具有足够的变异性，选择具有足够变异性的因子用于分区
专家判别	通过专家的经验快速找出主导指标	基于专家的经验和以往数据的分析，主观地选出主要指标	

4.6 水生态功能区定量划分技术

4.6.1 指标空间化技术

水生态功能分区所筛选出来的指标，最终要表征在空间上，形成以单一指标为专题的空间上连续的图层；或将指标赋予小流域单元，用于后续的叠加或空间聚类运算。因此，水生态功能分区在某种程度上可以认为是对空间化指标格局的划分。

指标空间化的主要原则有：①连续性原则。分区的结果应该具有空间连续性，在所分区流域的每一个点上都具有相应的属性。采样点位是离散的，因此需要对各点位的指标在流域内进行空间插值或人工判读，保证各指标在流域内的全面覆盖。②均匀性原则。为保证插值后的数据精确合理，要求采样点分布均匀，且点位数要满足插值的要求。

分区指标按照空间特性，可分为流域型指标（面状）和河流型指标（线状）。流域型指标具有空间相关性和连续性，不受集水流域边界限制，如 DEM、气温、降水、植被等；河流型指标受河流限制，在空间上只在河流连续体内分布，如水质、水生生物、河岸带景观等指标。作为水生态功能分区的两类指标，其空间化技术有所不同。

流域型指标的空间化技术相对于河流型指标简单，流域型指标的源数据本身多为空间数据，部分指标的源数据就已经是连续的面数据，如 DEM、NDVI、地貌、土壤、植被等，可以直接用于区划步骤，如叠加或与小流域单元切割，将指标值赋予单元。部分指标的源数据为离散的采样点数据，如气温、降水等，可进行空间插值计算，将离散点的测量数据转换为连续的面数据，再进行下一步分区。流域型空间插值的一般步骤为：①获取样点的经纬度信息，以及样点上的环境属性数据值，如气温、降水等指标值。②ArcGIS 下，生成样点的 .shp 格式矢量数据。③根据地统计学方法，计算指标的半变异函数，筛选最优的预测模型。④根据插值目标，选择克里金插值等合理的插值方法，完成空间插值，形成要素的空间栅格数据。可用的插值方法还有泰森多边形方法、反距离加权法、移动拟合法、线性内插、双线性多项式插值、样条函数、趋势面分析、变换函数插值法、多元回归分析等。

对于样点类型的数据，为了反映空间上的变化规律，需要将其插值到面状空间上。基于变量的空间自相关规律，应用地统学分析方法，识别变量变化的方式规律，运用ArcGIS、GS+等空间插值软件得到要素数据的空间分布。河流型指标的空间化有两种方法：①设置采样点位时，保证每个分区基本单元–小流域单元内的点位数不少于 1 个，每个单元内的指标取平均值，得到每个分区单元的指标值。②当采样点位设置不够多或不够合理，不能保证每个小流域单元都有点位分布时，要实现每个单元都有河流型指标赋值，应实施河道内插值计算，而要实施河道内插值，可以以河道中泓线为中心作一个缓冲区，形成狭长的多边形，将线性河流转变成面状的河流多边形，在此多边形内则可以实施插值，使河流指标沿河流形成连续梯度，然后计算每个单元内的河流指标平均值，作为该单元的指标。

插值原理和技术操作方法在《地统计学及在生态学中的应用》（王政权，1999）和《ArcGIS 地理信息系统空间分析实验教程（第二版）》（汤国安等，2012）中有详细叙述，本书不再赘述。

4.6.2 河流生境分类技术

（1）河流生境分类指标

河流分类经历了从单一尺度到多层次尺度分类的发展变化过程，分类角度也经历了从地貌、生态、水文、价值到功能管理等方面的变化，因此分类指标的选取也随之发生了变化。早期河流分类研究选取的都是可以进行定性描述的指标，如河道形态、地貌单元、是否有河漫滩等。定量化计算出现以后，河流宽度、深度、蜿蜒度、河道数以及河流等级等指标也开始被应用。随着计算机科学、地理信息技术、遥感技术以及一些景观分析软件的出现，基于遥感影像和空间数据的河流分类指标被广泛运用，如土地利用类型、植被类型和土壤类型等。通过文献调研，结合专家经验，对不同分类尺度上的分类指标进行统计（表 4-5）。本书河流生境指的是河段尺度的水生生境。根据河段尺度的特征，分类指标应能反映出河段的规模、物理结构以及自然形态（孔维静等，2013）。通过查阅文献，结合流域的河流特征及数据获取的难易程度和成本，河段尺度可选择河流等级、封闭度以及蜿蜒度等指标作为河流生境分类指标。

表 4-5 河流生境分类指标、生态学意义

分类尺度	分类指标	计算方法	生态学意义	参考文献
流域尺度	海拔	ArcGIS 下利用 DEM 提取，包括流域内的平均海拔、最大最小海拔还有海拔的众数	影响流域内气候和植被的分布，间接影响水生生物种类	Jonathan 等（2004）
	坡度	ArcGIS 下利用 DEM 提取坡度数据，包括流域内的平均坡度、最大最小坡度还有坡度的众数	与流速有关，会影响流域内的基质类型、河道形态	Jonathan 等（2004）
	坡向	ArcGIS 下利用 DEM 提取坡向，包括流域内的平均坡向、最大最小坡向还有坡向的众数	直接影响流域内河岸带植被的分布，以及水温，并间接影响水生生物的类群	刘素平（2011）
	地貌	ArcGIS 下提取每个流域内的地貌类型	反映流域地表形态特征，直接影响流域水热分布格局、水文情势及侵蚀和沉积物传输，并间接影响区域气候和植被类型	傅伯杰等（2001）；李翔等（2013）

分类尺度	分类指标	计算方法	生态学意义	参考文献
流域尺度	植被	ArcGIS 下提取每个流域内的植被类型	植被覆盖指数反映流域地表植被的状况，直接影响陆地的水土保持能力与生态系统服务功能	傅伯杰等（2001）；李翔等（2013）
	土壤	ArcGIS 下提取每个流域内的土壤类型	反映流域内的土壤类型，直接影响水土保持能力，间接影响植被类型	傅伯杰等（2001）；李翔等（2013）
	土地利用类型	ArcGIS 下提取每个流域内的土地利用类型，计算每种类型所占的比例	反映人类活动对河流的影响	傅伯杰等（2001）；李翔等（2013）
	流域面积	通过 ArcGIS 计算流域的汇水区面积	影响流域内的河道形态和栖息地类型，反映流域的规模	Jonathan 等（2004）
	河网密度	计算单位流域面积内河流总长度（km/km²）	反映一个地区河网的疏密程度，与流域内河水水量、栖息地数量等有关	孔维静等（2013a，2013b，2013c）
河段尺度	蜿蜒度	$S=L_1/L_2$；式中，S 为蜿蜒度；L_1、L_2 分别为河流本身的长度和河流的直线长度。$S<1.2$ 时，低蜿蜒度；$S=1.2\sim1.4$ 时，中蜿蜒度；$S>1.4$ 时，高蜿蜒度	表征河流侧向运动能力，决定河流的纵向弯曲程度和边界条件；与河流生境多样性、沉积物运输以及河流形状有关	Mollard 和 Hughes（1973）；Rosgen（1994）；Thorp（2006；2010）；赵银军（2013）
	封闭度	对比河道与河谷的连接程度，连接程度>90% 为限制性河道，连接程度在 10%～90% 为部分限制性河道，连接程度<10% 为非限制性河道	表征河谷对河流的限制程度，确定河流的横向运动空间和河道调蓄空间。封闭度越小，河谷对河道的约束程度越强烈	Brierley 等（2002）
	河流等级	根据 Strahler 法定义河流顶端的没有支流的河流为最低等级，支流的增加，等级增加	反映河流规模，与河段的水量大小、栖息地的数量有关	孔维静等（2013a，2013b，2013c）

续表

分类尺度	分类指标	计算方法	生态学意义	参考文献
河段尺度	河谷宽度	遥感影像观察测量获取	反映河谷的横向运动空间，影响河岸带植被的分布	Thorp（2006，2010）
	坡降/河道坡度	$S=（Eu-Ed）/Lr$；式中，Eu 为河段上游的坡度；Ed 为河段下游的坡度；Lr 为河道长度	与河流流速、基质组成、河道单元形态以及河道内栖息地类型有关	Buffington 和 Montgomery（1997）
	河道数	通过高分辨率遥感影像观察河道个数，分为单式河道和复式河道	影响河流生境类型，与河道稳定性有关	Rosgen（1994）；赵银军（2013）
	河床底质	通过高分辨率遥感影像观察河床底质类型	反映河流的底部边界的物质组成，表示河床的粗糙程度，与河流形状、河流平面、河流稳定等有关	Buffington 和 Montgomery（1997）；Rosgen（1994）；赵银军（2013）
样点尺度	水深	流速仪测三个断面的水深求平均值获得	与河流生境有关，影响水生生物的分布；与多项水质指标有关，如溶解氧等	Leopold 和 Wolman（1960）
	流速	流速仪测三个断面的流速求平均值获得	与河流生境有关，影响水生生物的分布	Leopold 和 Wolman（1960）；
	河宽	用皮尺或者测距仪测三个断面求平均值获得	与河流形态有关，影响生境类型	Leopold 和 Wolman（1960）
	宽深比	满槽河水宽度 W 与平均深度 D 的比值	影响河流生境，影响水生生物的分布	Rosgen（1994）
	深槽比	典型洪水宽度 E 与满槽河水宽度 R 的比值	与流量、河道形态、栖息地数量有关	Rosgen（1994）
	蜿蜒度	$S=L_1/L_2$；式中，S 为蜿蜒度；L_1、L_2 分别为河流本身的长度和河流的直线长度。$S<1.2$ 时，低蜿蜒度；$S=1.2\sim1.4$ 时，中蜿蜒度；$S>1.4$ 时，高蜿蜒度	决定了采样点的河流生境类型与河流形状，应向样点鱼类、藻类以及底栖类的分布	Rosgen（1994）；孔维静等（2013a，2013b，2013c）；赵银军（2013）

分类尺度	分类指标	计算方法	生态学意义	参考文献
样点尺度	坡降/河道坡度	$S=($ Eu−Ed $)/Lr$；式中，Eu 为河段上游的坡度；Ed 为河段下游的坡度；Lr 为河道长度	与样点的基质组成、河道单元形态以及河道内栖息地类型有关	Mollard 和 Hughes（1973）；Montgomery（1983）；Rosgen（1994）；孔维静等（2013，2013b，2013c）
	封闭度	封闭度 $CL=V/C$；式中，V 为河谷的宽度；C 为满槽河道宽度。$CL<2$ 时，严重限制；$CL=2\sim4$ 时，部分限制；$CL>4$ 时，不限制	影响采样点河流的横向运动空间和河道调蓄空间。封闭度越小，河道受约束程度越强烈，间接影响生物类群	Montgomery（1983）；赵银军（2013）
	河道数	观察采样点的河道个数	与栖息地类型有关，影响河流形态	Palme（1976）；Rosgen（1994）；赵银军（2013）
	河道连续性	观察采样点的河道是否连续	与河流形态、河流栖息地以及沉积物类型有关	赵银军（2013）
	河床底质	实地观察采样点分河床底质类型	反映河流的底部边界的物质组成，表示河床的粗糙程度，与河流形状、河流平面、河流稳定等有关	Montgomery（1983）Buffington 和 Montgomery（1997）；Rosgen（1994）；赵银军（2013）
	地貌单元	实地观察采样点分地貌单元	与河流形状有关，反映河流冲刷、搬运、沉积以及运输作用	Montgomery（1983）；赵银军（2013）

（2）河流生境分类方法

根据选取的河流指标，通过河流聚类、分类树的方法进行河流生境的分类。

聚类分析可在聚类软件下进行，采用单指标或多指标，结合河流实际状况确定分类最终的类别数量。由于是定量化的划分，该方法可重复性强，但在最终类型的确定中，专家需要对研究区的水系比较熟悉。聚类方法进行河流生境分类的技术路线如图 4-7 所示。

分类树方法是基于生境自身的等级特征，根据分类指标建立指标划分的先后顺序，形成树状的分类流程（图 4-8）。分类树方法操作简单，分类目标清晰，可以直观地体现河流生境的内涵特征。分类标准的确定更多依赖于专家经验和已有的研究结果，需要熟知河流生境的生态学意义和研究区河流状况。

图 4-7　河流生境聚类分类技术路线

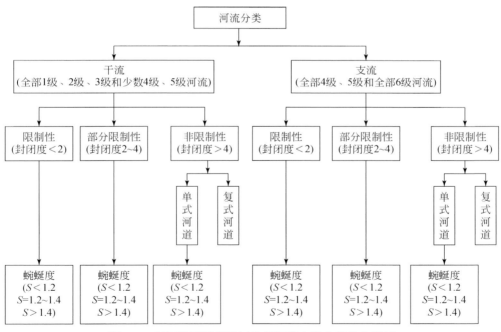

图 4-8　以河流等级等指标进行河流生境分类的分类树

（3）河流生境类型命名

河流生境类型的命名应体现出各指标所代表的河流自然地理特征。可根据河道的特点进行命名。河流生境类型的命名中将河流等级（干流、支流）放在命名的结尾，其他指标根据分级顺序进行命名，采用封闭度（限制性河谷、部分限制性河谷、非限制性河谷）+河道数（单式河道、复式河道）+蜿蜒度（低度蜿蜒、中度蜿蜒、高度蜿蜒）+…河流等级（干流、支流）的方式进行命名，也可以体现河流的自然地理背景，采用气候区（热带、温带、寒带）+水分类型（干旱、半干旱、湿润）+河道特征（限制性河谷、部分限制性河谷、非限制性河谷，低度蜿蜒、中度蜿蜒、高度蜿蜒，干流、支流…）的方式命名。

4.6.3 空间分类技术

(1) 空间分类目的

筛选出的大量分区指标从地理学角度来看往往是相互关联的，空间聚类分析可根据地理实体之间影响要素的相似程度，采用某种与权重和隶属度有关的距离指标，将评价区域划分若干类别。空间分类的目的是将空间化后的分区指标进行叠加、分类、合并，生成连续的有显著差异的空间格局，最终形成水生态功能分区结果。

(2) 空间分类原则

空间分类原则主要有：①相似性原则。分类是基于指标的相似性，把无规律的指标分为有规律的类别。②空间连续性原则。空间分类与普通的分类不同，要保持分区单元的空间连续性。当两个单元的分区指标在数值上是同一类，但在空间上是离散时也应划分为两个独立的单元。③真实性原则。对于专家判别的指标分类，要基于真实性原则，不能随心所欲任意划分，应该是各类指标客观存在的真实正确的反映。④综合指标与主导指标结合的原则。水生态功能的区划单元是基于综合因素分类的结果，但每一个单元又有各自的主导因子，基于综合指标，进行主导指标分析，既能为合并或调整区划单元提供依据，又能为下一级分区打好基础，有助于提出该区划单元的保护目标和管理措施。

(3) 空间分类方法

水生态功能分区的空间分类按聚类特性来分，可分为定量分类、半定量分类和定性分类三种。

定量分类：是通过 GIS 空间分析、地统计等方法进行指标的分类，体现科学性、客观性。

半定量分类：是通过设定计算公式，将单个分区指标计算成综合指标，再通过制定分级标准（或阈值）把综合指标分成若干类。

定性分类：是通过专家判读的方法，将分区指标分成若干类。

半定量和定性分类都有一定的主观性，但建立在大量的数据分析和客观的分类原则基础上。三种分类方法各有优缺点，又有较强的互补性，定量分类结果存在不合理的地方可以通过定性及半定量分类技术进行调整。表 4-6 列出了水生态功能分区的分类方法。

表 4-6   水生态功能分区的分类方法

分类类型	分类方法	方法描述	分类过程
定量分类	空间叠加	将各分区指标的空间数据图层进行叠加，产生一个新的空间图层，其结果综合了原来多个图层信息	ArcMap、ArcView、ArcInfo 中的 Union 命令
	空间聚类	通常是栅格数据的聚类，是指将一个单一层面的栅格数据系统经某种变换而得到一个具有新含义的栅格数据系统的数据处理过程	欧氏距离聚类法、马氏距离聚类法、ISODATA 模糊聚类法
半定量分类	基于定量分类的单元调整	分区指标空间叠加或空间聚类后，新图层的单元数量往往数倍于单个指标图层，如此多的单元作为分区结果显得过于零乱和离散，因此需要适当减少单元数，让分区结果更加合理。要基于客观原则和数据分析，设定适当的分类阈值	对单个分区指标值进行分类，减少单指标图层的单元数量，经过空间叠加或空间聚类后可以得到较少的单元数量；通过设计运算方程、设定权重（层次分析法），将各个单元指标运算得到综合指标，再对综合指标进行分类
定性分类	基于空间叠加的专家分类	定性分类通常是对于无法量化的指标分类而言的，这些指标通常表示为有或无、类型描述，如有无自然保护区、土壤类型、植被类型、土地利用类型等指标。当分区指标中使用定性类指标时，只能进行空间叠加，而无法进行空间聚类。如果定性类指标较多，会导致叠加后的单元杂乱无序，而且给单元命名带来困难。这时，专家经验将起到重要作用	识别单元重要类型和主导特征，基于专家经验总结归类

4.6.4   分区结果校验技术

（1）校验目的

所有的分区都不是一步到位的，即使分区体系再完整，选取的指标再合理，采样分析的数据再精确，得到的分区结果仍然存在不合理的地方。因此，对分区结果的验证是有必要的。水生态功能分区的校验是分析产生分区错误的根源，验证分区的合理性，包括数据获取、数据处理、分区过程中使用的技术方法以及是否遵循了分区原则等。水生态功能分区的主要目的是辨识流域中自然生态系统特征的区域差异及其对水生态系统的影响，其结果必须体现出这种差异性。因此水生态功能分区结果校验需选取合适的特定指标，分析其在空间上与分区结果是否具有一致性，从而实现对分区结果的合理性判断。

（2）校验指标筛选

目前，检验指标通常采用生物指标，如鱼类、浮游动植物、底栖动物和大型水生植物等。从水生态系统的结构来看：①鱼类是食物链的最高级，生命周期明显，空间尺度较大，其生存状态能很好地表征水生态系统健康情况；②大型底栖动物群落组成较为稳定，对水生态系统的物质循环和能量流动起着重要的作用，如能加速碎屑分解、提供高级营养层食物来源和促进水体自净，对水质有良好的指示作用，同时在流域中分布广泛，监测较为容易，在水生态评价中较为广泛应用；③藻类作为水生态系统的初级生产者之一，是整个水生态系统物质循环和能量流动的基础。着生藻类相对于浮游藻类来说生存位置更加稳定，便于监测，同时位于水生态系统食物链的底端，影响整条食物链结构和状态，并且它能够敏感地响应水环境状况的变化，尤其是在 N、P 等无机营养盐浓度方面。

然而，对于某些受人类活动影响较大的流域，水质污染较为严重，水生生物指标不宜作为校验指标；对于另外一些特殊的流域，鱼类主要来源于人工放养，不能客观地反映其环境特征，因此不宜作为检验指标。

（3）校验技术

校验是保障水生态功能分区结果可靠性的重要技术手段，该技术主要包括数据统计检验法和成果对比分析检验法两种。成果对比分析检验是通过对比分区成果与其相关原则来判断结果的合理性；数据统计检验是通过对分区结果中不同区域的相关生物量或者水量等因素的统计分析来判断结果的合理性。

1）数据统计检验：通过对分区结果中不同区域的相关生物量或者水量等因素的统计分析来判断结果的合理性。该方法主要是采用数学方法来反映客观现象总体数量，对数据精度的要求较高。该检验法主要分为数学统计法、空间聚类法和 DCA 法三种。

数学统计法：数学统计是基于水生态功能分区结果将不同区域水生生物指标数据进行算术平均值计算与方差分析，根据不同区域内各指标平均值、分布范围、方差值的差异性来检验分区结果是否可行，一般该过程可在 SPSS 等统计软件中完成。

空间聚类法：聚类分析在水生态功能区划中可用来对多个空间指标数据构成的聚合图层进行分类。在分析水生生物分布格局中，聚类分析可以将数量和功能分布特征相近的区域进行分组划分，特别是在一些大尺度流域上广泛使用。聚类分析一般在 SPSS 系统软件上完成，首先将水生生物原始数据进行标准化，以便数据格式和类型统一，其次通过层次分析法将样点进行分组，最后输出结果和验证。

DCA 法：DCA 法是一种排序分析方法，是将样方或植物种排列在一定的空间，使得排序轴能够反映一定的生态梯度，从而能够解释植被或植物种的分布与环境因子间的关系。例如，辽河流域主要采用 DCA 法对全流域野外采样点的底栖动物样本进行 DCA 分析，然后观察采样点在 DCA 散点图上的分布，从而直观判断不同组样点对环境因子变化的响应是否存在明显差异，最终实现对分区结果的校验。

2）结果对比分析检验：通过对比分区成果与其相关原则来判断结果的合理性，主要是通过列表或图层叠加等方式直观地进行差异性分析。

列表法：通过列表方式，列出不同分区内的相同指标的具体数据，直观地判断分区之间的差异性。

图层叠加法：通过聚类分析、DCA 分析后输出统计结果图，通过比对水生态功能分区结果与水生生物分布格局是否一致进行验证。

水生态功能分区在不同尺度下的流域面积大小不同，大到全国尺度，小到 5 级支流流域。对于国家尺度水生态功能分区，由于尺度大，通过现场调查采样的方式是很困难的，可以通过与已有的其他分区结果相对比达到验证的目的。对于流域级水生态功能分区，可以通过现场调查的方式来进行验证。

4.7 小 结

1）根据影响水生生物物种组成、群落结构的生境要素，划定水生态功能区空间单元。首先，获取水生态功能分区指标，识别指标的空间异质性；其次，分析影响不同尺度区域差异的生境驱动要素；最后，选择影响水生态系统的主导生境因子开展水陆一体化划分。主要包括指标获取和空间异质性分析、分区指标筛选、空间聚类划分三个核心步骤。

2）水生态功能分区方法主要包括自上而下和自下而上两种。根据分区目的和分区内容，在大尺度分区适宜使用自上而下的分区方法，在小尺度分区适宜使用自下而上的分区方法。由于水生态功能分区等级较多，根据具体情况可结合两种方法综合使用。

3）系统总结了流域环境要素指标、水生生物特征指标、水生生境类型指标三大类指标的获取目的、获取方法和指标类型。流域环境要素指标的选取是为了了解和掌握流域内气候、水文、地貌、土壤、植被、土地利用（景观）、社会经济等生态环境要素的过程，指标应能反映所要划分区域环境的空间差异性，具备直接性、独立性和稳定性特征。水生生物特征指标的选取是为了了解所划分区域的水生生物空间分布格局，水生生物特征指标要对流域环境要素敏感、易于监测、能够客观直接地反映水生生物的群落结构特征并与环境因子变化呈单调相关性。水生生境指标的选取是为了了解水生生物生存环境特征的空间差异性，生境指标一般在小流域和河段尺度上基于水生态系统过程特征进行选取。

4）流域生境要素在不同尺度上相互作用，共同决定着其境内河流的水文、河道形态、基质类型等物理及水化学特征，从而进一步影响水生生物群落的分布和结构，最终导致水生态系统的类型差异。新近发展的克里金方法与 GIS 地统计学方法相结合，识别生境要素的空间变异规律和空间变异尺度，为分区指标筛选提供依据。

5）指标筛选的目的是通过数理统计学方法，去除冗余信息，识别主导因子，筛选出对分区结果贡献率最高的指标。筛选过程中应遵循主导性、独立性、单调性、灵敏性、多样性和空间自相关性等原则。指标筛选的主要方法有主成分分析、层次分析、典范对应分析、除趋势典范对应分析、线性回归、空间自相关分析和专家判别。

6）水生态功能区定量划分核心是通过将空间化后的指标进行叠加、分类、合并，生成连续的有显著差异的空间格局，最终形成水生态功能分区结果。主要包括小流域单元提取、河流生境分类、指标空间化、空间分类和结果校验等关键技术环节。定量划分要遵循相似性原则、空间连续性原则、真实性原则和综合指标与主导指标结合的原则。

|第 5 章| 全国水生态功能分区方案

5.1 全国水生态功能一级分区

5.1.1 分区依据

水生态功能一级分区体现地理气候因子对水生生物区系和地理分布的影响（表 5-1）。地理气候因素中，气候、地质和地形地貌是控制流域中河流过程、水环境以及水生生物栖息地结构的基本因子。Goldstein 等（2007）的研究也证明了在国家甚至大区域尺度上，气候、地形、地质等环境因子对于水生态系统过程的影响更为明显。鱼类数据相对易于获得且不能跨河流扩散，相对于其他水生生物而言，更适用于反映水生生物地理区系差异，如底栖动物分布往往要由更小尺度的生态过程所决定。因此，可将鱼类作为国家尺度水生态功能分区的主要依据。

表 5-1　水生态功能一级分区备选指标体系

指标类型	指标
气候	气温、降水、年内月降水极差、积温、蒸发
地质	岩性、地质构造
地形地貌	高程极差、高程、坡度

5.1.2 分区技术路线

水生态功能一级分区具体步骤：

1）在三级水资源分区上提取所有环境指标和水生生物（鱼类）物种数；

2）分别对环境指标和鱼类进行典型相关分析、物种适应性分析，根据两个分析结果确定一级分区指标和标准；

3）确定分区指标的空间分区阈值，得到自上而下分区图；

4）将筛选得到的分区指标进行多要素聚类分析，得到聚类分区图；

5）综合比较两个初始分区结果，以自上而下分区结果为基础初步确定分区边界；

6）参考流域边界局部调整分区边界，并根据鱼类区划进行验证，最终完成水生态功能一级区划分（图5-1）。

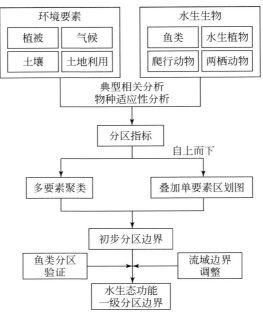

图 5-1　水生态功能一级分区技术路线

5.1.3　分区指标筛选

（1）生境要素空间异质性分析

采用尺度方差分析方法对高程、降水、蒸发等几个生境要素的空间异质性和变异尺度进行分析。尺度方差分析主要用于分析景观的多尺度结构，揭示与景观变化和生态过程有关的重要尺度。结果显示，高程的主要空间变异尺度为 10 万 km^2 和 100 万 km^2 左右。气象要素的主要空间变异尺度为 10 万 km^2 左右和 100 万 ~ 200 万 km^2。这些要素都在大尺度上有明显变异，可以作为分区备选指标。

（2）与水生生物相关性分析

1）与水生生物的相关性。基于水资源三级分区获取各环境要素的平均值，统计鱼类物种数在水资源三级分区上的分布。在此基础上，对高程极差、高程、坡度、NDVI、气温、降水、降水日数几个环境变量和鱼类物种数进行相关分析。表5-2显示了这些环境要素和鱼类变量间的相关系数。结果表明，环境要素之间本身存在较为显著的相关，如高程与气温、降水以及坡度均存在显著相关，高程与坡度相关性更是高达 0.63；气候变量之间也存在高度相关，如降水和降水日数相关系数高达 0.80。NDVI 与气温、降水、降水日数以及鱼类均有显著相关性，尤其是降水日数，与鱼类相关系数达到 0.72；地形因子与鱼类相关性不是非常明显。

表 5-2　主要环境要素和鱼类变量间的相关系数

要素	高程极差	高程	坡度	NDVI	气温	降水	降水日数	鱼类
高程极差	1.00							
高程	0.72*	1.00						
坡度	0.75*	0.63*	1.00					
NDVI	−0.34*	−0.47*	0.09	1.00				
气温	−0.32*	−0.51*	−0.13	0.54*	1.00			
降水	−0.20*	−0.38*	0.18*	0.78*	0.70*	1.00		
降水日数	−0.11	−0.14	0.31*	0.70*	0.58*	0.80*	1.00	
鱼类	0.02	−0.03	0.32*	0.54*	0.43*	0.61*	0.72*	1.00

＊表示 $p < 0.05$ 水平上显著相关。

2）典型相关分析。选择基于水资源三级区的环境指标和鱼类物种分布分别进行了典型相关分析。典型相关只考虑第 1 组变量的相关。由于部分环境指标之间相关性较高，存在较多的冗余信息，分析过程中剔除这部分因子。通过分析鱼类物种分布和环境指标典型相关分析，最终确定相关性较高的典型环境因子为降水、年内降水极差、积温（>10℃）、高程。

（3）分区标准

使用物种适应性分析方法确定水资源三级区的不同环境要素值所对应的鱼类物种分布，确定鱼类物种分布广泛或稀少分别所对应的主要环境指标值（表 5-3）。图 5-2 展示了降水、年内降水极差、积温（>10℃）、高程等几个指标的不同值所对应的鱼类物种数量。鱼类物种数越多，说明在该环境条件下分布越广，或者该环境条件更适合鱼类生存。环境条件在空间上一般是连续分布的，图 5-2 中鱼类物种数突然减少的原因可能是鱼类在该环境条件分布上存在一定选择，或受到干扰而难以生存。这种环境条件可以作为划分鱼类适应区域的一个阈值。

表 5-3　一级分区指标与标准

序号	指标	标准（阈值）
1	降水/mm	400、1000
2	年内月降水极差/mm	200、300
3	积温/℃	2000、5000、7000
4	高程/m	1500、3000

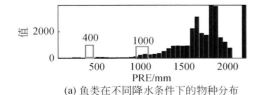
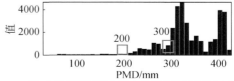

(a) 鱼类在不同降水条件下的物种分布　　　　(b) 鱼类在不同年内降水极差条件下的物种分布

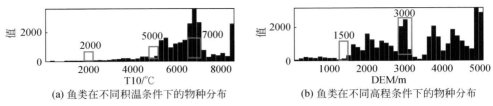

(a) 鱼类在不同积温条件下的物种分布   (b) 鱼类在不同高程条件下的物种分布

图 5-2   鱼类在不同环境条件的物种分布状况

PRE 为降水；PMD 为年内月降水极差；T10 为积温（>10℃）；DEM 为高程

5.1.4   分区结果及验证

5.1.4.1   分区结果概况

在一级水生态功能分区技术支持下，采用自上而下的方法，基于降水、年内月降水极差、积温（>10℃）、高程 4 个分区指标将全国划分为 6 个水生态功能一级分区。分别是东北黑龙江温带水生态地理大区（Ⅰ）、华北–东北暖温带水生态地理大区（Ⅱ）、西北–内蒙古高原温带水生态地理大区（Ⅲ）、青藏高原高寒区水生态地理大区（Ⅳ）、华中亚热带水生态地理大区（Ⅴ）、华南亚热带–热带水生态地理大区（Ⅵ）（图 5-3）。

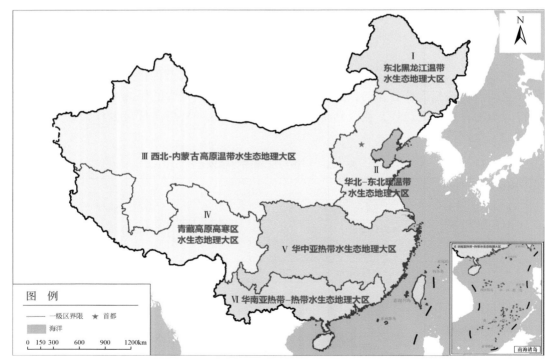

图 5-3   全国水生态功能一级分区结果

5.1.4.2 分区结果验证

6 个一级区鱼类物种组成和代表性鱼类均有显著差异,与一级分区结果吻合。

(1) 东北黑龙江温带水生态地理大区

该区地处我国最北边的寒冷地区,平均气温较低,降水适中,鱼类区系的最突出特征是都有耐寒性很强的鱼类,如广泛分布于西伯利亚等处的茴鱼科(Thymallida)、鲑科(Salmonidae)、狗鱼科(Esocidae)、鳕科(Gadidae)及杜父鱼科(Cottidae)。在鲤科方面,中新世、渐新世即已广分布到亚欧北部的雅罗鱼亚科,如雅罗鱼属、鱥属及鮈亚科的鮈属等,至今仍在此处很常见,有些已分布到北美洲。所以,这里鱼类以北方山麓鱼类(茴鱼科、鲤科哲罗鲑属及细鳞鲑属、鲤科鱥属等)、北方平原鱼类(雅罗鱼属、鲫属、狗鱼属等)和北极淡水鱼类(如江鳕、白鲑属)等北方鱼类为主。

(2) 华北–东北暖温带水生态地理大区

该区主要包括辽河、海河和淮河地区,这一区域地势平坦,水系也较为发达,河流污染均比较严重,人类活动影响剧烈,水生生物多样性较低。辽河流域除有少量溪流性鱼类和冷水性鱼类外,南亚平原鱼类较多,如长吻鮠、黄鳝、鳗鲡等,下游有咸淡水鱼类鲶等,其他温水性鱼类约 70 余种。海河水系和淮河水系的鱼类特点相似,主要为平原区鱼类,包括鲤、鲫、草鱼、鲶、鲌、鲢、鳙、鲂、乌鳢、鳜、赤归鳟、鲇等。

(3) 西北–内蒙高原温带水生态地理大区

西北地区降水稀少,水生生物分布很少,自然环境条件较差。此处鱼类的最显著特征是都有鲤科裂腹鱼亚科(Schizothoracinae)及鳅科。鱼类区系的最大特征是其区系的古老性,如鲤科(鲤亚科、鮈亚科及雅罗鱼亚科)、鳅科、鲇科及刺鱼科。

(4) 青藏高原高寒区水生态地理大区

青藏高原是世界上面积最大、海拔最高的高寒区,平均海拔在 4000m 以上。此处鱼类的最显著特征和西北干旱区类似,是都有鲤科裂腹鱼亚科(Schizothoracinae)及鳅科,身较粗圆、无鳞、常有游离螺的条鳅属(Nemacheilus)鱼类。鱼类区系的最大特征是其区系的古老性;只有鲤科(鲤亚科、鮈亚科及雅罗鱼亚科)、鳅科、鲇科及刺鱼科,种类很少,在我国仅有 18 种。

(5) 华中亚热带水生态地理大区

华中地区主要包括长江流域中下游大部分地区和东南水系,这一地区地势崎岖、降水丰富,水生生物多样性高。以平原区鱼类为主,包括青鱼、草鱼、鲤、鲢、鳙、鲫、鳡鱼、鲸、鳊、鲂、鲇、鳜、黑鱼、翘嘴红鲌、蒙古红鲌、铜鱼、密鲴、鮈鱼、黄颡鱼、圆口铜鱼等。

(6) 华南亚热带–热带水生态地理大区

该区鱼类物种丰富,除鲤、鲫、鳊、青鱼等鲤科鱼类外,多属亚热带鱼类,如鲇、乌鳢等,还有特种波鱼、鲮等,珍贵鱼有中华鲟。该区与南岭北侧的江河平原区、中亚高山区等有着很显著的不同:①鲃亚科种类很多,占鲤科总种数的 1/5(甚至 3/4)以上;②而鮈、鳊、鲴、鲹鲅及鳅鮀等亚科均占少数,且愈近西南愈少;③鲶、胡子鲇、鲀、攀鲈、鳅、乌鳢等科鱼类都更较习见。华南区不但在鱼类分布上具有上述三个特点，甚至许多鱼与印度、缅甸、中南半岛、印度尼西亚的鱼类还是同属同种，故与它们同属东洋区。

5.2　全国水生态功能二级分区

5.2.1　分区依据

水生态功能二级分区体现在同一水生生物区系下水生生物多样性和类型的区域差异，反映自然环境因素对水生生物多样性和生物群群落的影响。除气候、地势作为对国家甚至大区域尺度上影响水生态系统过程的重要因子外，土壤类型、土壤质地、有机质含量、植被类型等因子也是影响大尺度水生态系统的重要因子，属宏观背景型指标，其作用及影响范围较大，宏观尺度上作用范围大于几千平方千米，周期在数百年及数千年之间，决定着水生态系统的空间特征，体现了大尺度的水生态系统地域空间分布，经常作为大尺度水生态功能分区的重要指标（表5-4）。同样鱼类可以作为二级区划分的主要依据。

表 5-4　水生态功能二级分区备选指标体系

指标类型	指标
气候	气温、降水、年内月降水极差、积温、蒸发
地形地貌	高程极差、高程、坡度
植被	针叶林、针阔叶混交林、阔叶林、灌丛、荒漠、草原、草丛、草甸、沼泽、高山植被、栽培植被、NDVI
土壤	总钾含量、总氮含量、总磷含量

5.2.2　分区技术路线

水生态功能二级分区采用自下而上方法，分别在各个一级分区内进行划分。

1）以水资源三级区为基础整理环境要素数据，通过主成分分析法筛选分区指标。

2）基于水资源三级区整理各个一级分区的指标值，采用 K 均值聚类方法对每个一级分区的筛选指标进行聚类分析，对聚类结果进行合理归并，得到每个一级分区内的二级分区初始边界。

3）根据流域边界对二级分区边界进行局部调整和平滑处理，得到最终的水生态功能二级分区（图5-4）。

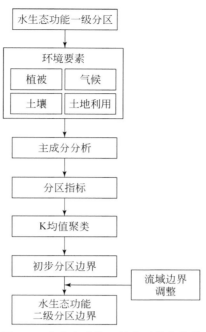

图 5-4　水生态功能二级分区技术路线

5.2.3　分区指标筛选

在每个水生态功能一级分区内，通过相关分析等明确与水生生物关系密切的环境要素，利用主成分分析等统计手段筛选指标。根据确定的二级分区指标筛选步骤方法，在一级区各单元内开展二级区指标筛选。选取了第一、第二典型相关变量中载荷系数最大的前 4~5 个环境要素，即贡献了主要环境信息的几个变量作为二级区的分区指标（表 5-5）。

表 5-5　二级分区指标

一级区单元	二级分区指标
东北黑龙江温带水生态地理大区（Ⅰ）	针叶林比例、农用地比例、土壤总氮含量、土壤总磷含量
华北-东北暖温带水生态地理大区（Ⅱ）	灌丛/针叶林/阔叶林比例、农用地比例、土壤总氮含量
西北-内蒙古高原温带水生态地理大区（Ⅲ）	林地比例、土壤总氮含量、针叶林/灌丛比例
青藏高原高寒区水生态地理大区（Ⅳ）	林地比例、土壤总氮含量、灌丛/针叶林/阔叶林比例

续表

一级区单元	二级分区指标
华中亚热带水生态地理大区（V）	土壤总氮含量、阔叶林/针叶林比例、农用地比例、土壤总磷含量
华南亚热带–热带水生态地理大区（VI）	土壤总磷含量、土壤总氮含量、农用地比例、阔叶林比例

5.2.4 分区结果及验证

5.2.4.1 分区结果概况

根据确定的分区指标和分区技术路线，在6个一级区边界基础上，将全国划分为33个水生态功能二级分区（图5-5）。其中，东北黑龙江温带水生态地理大区分为4个二级区、华北–东北暖温带地理大区分为7个二级区、西北–内蒙古高原温带水生态地理大区分为9个二级区、青藏高原高寒区水生态地理大区分为4个二级区、华中亚热带水生态地理大区分为5个二级区、华南亚热带–热带水生态地理大区分为4个二级区。

图5-5 全国水生态功能二级分区结果

5.2.4.2 分区结果验证

对 33 个二级区鱼类物种进行分析，结果表明 33 个二级区鱼类物种组成和代表性鱼类均有显著差异，与二级分区结果吻合（表5-6）。

表5-6 二级区鱼类物种结果

编码	分区名称	鱼类特征
I-1	黑龙江中游水生态地理区	鱼类物种数少，主要物种有雷氏七鳃鳗（*Lampetra reissneri*）、日本七鳃鳗（*Lampetra japonica*）等
I-2	黑龙江上游–嫩江水生态地理区	鱼类物种数少，主要物种有史氏鲟（*Acipenser schrenckii*）等
I-3	松花江黑吉两省交界水生态地理区	鱼类物种数较少，主要物种有虹鳟（*Salmo gairdneri*）、日本柱核螺（*Adamnestia japonica*）等
I-4	图乌绥边境诸河水生态地理区	鱼类物种数较少，主要物种有狗鱼（*Esox reicherti*）、瓦氏雅罗鱼（*Leuciscus waleckii*）等
II-1	辽河上游水生态地理区	鱼类物种数较少，主要物种有细鳞鳊鲌（*Rhodeus typus*）、大鳍鱊（*Acheilognathus macropterus*）等
II-2	辽河中下游–辽东沿海诸河水生态地理区	鱼类物种数较少，主要物种有蒙古鲌（*Culter mongolicus mongolicus*）、日本柱核螺（*Adamnestia japonica*）等
II-3	滦河–海河上游水生态地理区	鱼类物种数较少，主要物种有细鳞鳊鲌（*Rhodeus typus*）、大鳍鱊（*Acheilognathus macropterus*）等
II-4	海河下游水生态地理区	鱼类物种数较少，主要物种有彩石鳊鲌（*Rhodeus lighti*）、棒花鮈（*Gobio rivuloides*）等
II-5	黄河下游水生态地理区	鱼类物种数较少，主要物种有彩石鳊鲌（*Rhodeus lighti*）、棒花鮈（*Gobio rivuloides*）等
II-6	淮河上中游水生态地理区	鱼类物种数较少，主要物种有寡齿新银鱼（*Neosalanx oligodontis*）、太湖新银鱼（*Neosalanx taihuensis*）等
II-7	淮河下游–山东沿海诸河水生态地理区	鱼类物种数较少，主要物种有花鳗鲡（*Anguilla marmorata*）、日本柱核螺（*Adamnestia japonica*）等
III-1	塔河–额尔齐斯河–中亚内流诸河水生态地理区	鱼类物种数很少，主要物种有蒙古鲌（*Culter mongolicus mongolicus*）、虹鳟（*Salmo gairdneri*）等
III-2	塔里木盆地–库姆塔格沙漠内流诸河水生态地理区	鱼类物种数很少，主要物种有蒙古鲌（*Culter mongolicus mongolicus*）、达氏鲌（*Culter dabryi dabryi*）等
III-3	戈壁沙漠–吐哈盆地内流诸河水生态地理区	鱼类物种数很少，主要物种有蒙古鲌（*Culter mongolicus mongolicus*）、鳘（*Hemiculter leucisculus*）等
III-4	河西走廊–阿拉善内流诸河水生态地理区	鱼类物种数较少，主要物种有黄河雅罗鱼（*Leuciscus chuanchicus*）、飘鱼（*Pseudolaubuca sinensis*）等

编码	分区名称	鱼类特征
III-5	黄河上游水生态地理区	鱼类物种数较少，主要物种有黄河雅罗鱼（*Leuciscus chuanchicus*）、飘鱼（*Pseudolaubuca sinensis*）等
III-6	黄河中游水生态地理区	鱼类物种数量较多，主要物种有红鳍原鲌（*Cultrichthys erythropterus*）、蒙古鲌（*Culter mongolicus mongolicus*）等
III-7	内蒙古中东部内流诸河水生态地理区	鱼类物种数量较多，主要物种有红鳍原鲌（*Cultrichthys erythropterus*）、蒙古鲌（*Culter mongolicus mongolicus*）等
IV-1	印度河源头水生态地理区	鱼类物种数少，主要物种有蒙古鲌（*Culter mongolicus mongolicus*）、彩石鳑鲏（*Rhodeus lighti*）等
IV-2	藏北-柴达木盆地内流诸河水生态地理区	鱼类物种数少，主要物种有蒙古鲌（*Culter mongolicus mongolicus*）、彩石鳑鲏（*Rhodeus lighti*）等
IV-3	雅江-藏南外流诸河水生态地理区	鱼类物种数少，主要物种有窑滩间吸鳅（*Hemimyzon yaotanensis*）等
IV-4	怒江-澜沧江上游水生态地理区	鱼类物种数量中等，主要物种有保山四须鲃（*Barbodes wynaadensis*）、怒江爬鳅（*Balitora nujiangensis*）、透明金钱鲃（*Sinocyclocheilus hyalinus*）等
IV-5	长江源头水生态地理区	鱼类物种数较多，主要物种有白鲟（*Psephurus gladius*）、鲥（*Macrura reevesii*）、蒙古鲌（*Culter mongolicus mongolicus*）等
IV-6	黄河源头水生态地理区	鱼类物种数较多，主要物种有白鲟（*Psephurus gladius*）、鲥（*Macrura reevesii*）、蒙古鲌（*Culter mongolicus mongolicus*）等
V-1	金沙江中下游水生态地理区	鱼类物种数多，主要物种有蒙古鲌（*Culter mongolicus mongolicus*）、张氏䱗（*Hemiculter tchangi*）、白鲟（*Psephurus gladius*）、Macrura reevesi（Richardson）等
V-2	长江上游水生态地理区	鱼类物种数量很多，主要物种有白鲟（*Psephurus gladius*）、鲥（*Macrura reevesii*）、刀鲚（*Coilia brachygnathus*）、鳡（*Luciobrama macrocephalus*）等
V-3	长江中游江汉平原水生态地理区	鱼类物种数量较多，主要物种有红鳍原鲌（*Cultrichthys erythropterus*）、蒙古鲌（*Culter mongolicus mongolicus*）、拟尖头鲌（*Culter oxycephaloides*）等
V-4	长江中下游水生态地理区	鱼类物种数量很多，主要物种有蒙古鲌（*Culter mongolicus mongolicus*）、圆吻鲴（*Distoechodon tumirostris*）、彩副鱊（*Paracheilognathus imberbis*）等

续表

编码	分区名称	鱼类特征
V-5	东南沿海诸河水生态地理区	鱼类物种数较多，主要物种有厚唇光唇鱼（*Acrossocheilus labiatus*）、似鳊（*Belligobio nummifer*）、鲇（*Silurus asotus Linnaeus*）等
VI-1	珠江源头水生态地理区	鱼类物种数量很多，主要物种有伍氏华吸鳅（*Sinogastromyzon wui*）、胡子鲇（*Clarias batrachus*）、黄颡鱼（*Pelteobagrus fulvidraco*）、粗唇鮠（*Leiocassis crassilabris*）等
VI-2	珠江北部诸河水生态地理区	鱼类物种数量很多，主要物种有大鳍鳠（*Mystus macropterus*）、福建纹胸鮡（*Glyptothorax fukiensis*）、唇䱻（*Hemibarbus labeo*）等
VI-3	珠江南部–海南诸河水生态地理区	鱼类物种数量多，主要物种有大鳍鱊（*Acheilognathus macropterus*）、蒙古鲌（*Culter mongolicus mongolicus*）、翘嘴鲌（*Culter alburnus*）、赤眼鳟（*Squaliobarbus curriculus*）等
VI-4	西南外流诸河水生态地理区	鱼类物种数量很多，主要物种有伍氏华吸鳅（*Sinogastromyzon wui*）、胡子鲇（*Clarias batrachus*）、黄颡鱼（*Pelteobagrus fulvidraco*）、鮠（*Leiocassis crassilabris*）等

5.3 全国水生态功能三级分区

5.3.1 分区依据

水生态功能三级分区主要反映了流域尺度水生生物群落空间差异（表5-7）。生态水文过程是这个尺度上最主要的过程（产汇流），支持了河流物理特征及其过程，水生群落及其栖息地属性的丰富度和类型等。气候因子是影响生态水文过程的最直接要素，决定了流域的温度状况、水文特征以及在此景观内的动植物群落结构的变化。植被、土壤、地形地貌则通过影响流域下垫面水分输送过程进而决定河流水文过程。例如，地貌地形控制河流的坡度，坡度强烈影响产汇流过程。

表 5-7 水生态功能三级分区备选指标体系

指标类型	指标	指标表现形式
气象水文	年均降水量、年均气温、积温、湿润指数、径流深	定量
地形地貌	地貌类型、坡度、高程	定量、定性
土壤	土壤质地、土壤有机质含量	定量、定性
植被	植被覆盖度、植被指数	定量

5.3.2 分区技术路线

水生态功能三级分区采用自上而下方法，以 10 个重点流域为单元进行划分，使用二级分区边界进行调整。

1）以 10 个重点流域为基础，整理环境要素数据，通过主成分分析、相关性分析、CCA 等方法筛选分区指标。

2）对分区指标进行无量纲化和空间标准化处理后，通过等权重叠加的方法，生成三级分区综合指标，对所生成的综合指标进行无量纲化处理，作为三级分区界线确定的依据。

3）在对综合指标的空间异质性进行分析的基础上，以综合指标所反映的流域空间分异格局为准，参照各分区指标的空间异质性格局，沿格局的边界线进行矢量化处理，初步生成三级分区边界。

4）参照子流域边界、水生生物空间分布格局及二级分区边界对三级分区边界进行局部调整和平滑处理，得到最终的水生态功能三级分区结果（图 5-6）。

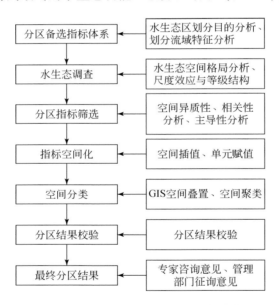

图 5-6 水生态功能三级分区技术路线

5.3.3 分区技术方法——辽河流域案例

5.3.3.1 分区指标筛选

（1）指标敏感性分析

使用统计学方法，通过对数据极差、标准差和变异系数等统计指标的分析，判断辽河流域的日照时数、多年平均温度、降水量、相对湿度、海拔和 NDVI 等指标的敏感性（表 5-8），辽河流域各个区域环境要素的变异系数由大到小的顺序为 NDVI（69.48%）＞海拔（57.78%）＞多年平均温度（44.51%）＞降水量（29.32%）＞相对湿度（10.99%）＞日照时数（9.83%），结果表明，NDVI、海拔、多年平均温度和降水量的数据离散性大，适宜作为分区的备选指标。

表 5-8　辽河流域环境要素的描述性统计和 K-S 检验

环境要素	最小值	最大值	平均值	标准差	变异系数	偏度	峰度	P（K-S）
日照时数	1561.3h	2476.0h	2037.9h	200.3h	9.83%	−0.120	−0.379	0.200
多年平均温度	1.5℃	12.8℃	6.1℃	2.7℃	44.51%	0.612	0.257	0.106
降水量	205.1mm	1055.1mm	475.9mm	139.6mm	29.32%	0.882	2.093	0.200
相对湿度	42.7%	71.7%	56.5%	6.22%	10.99%	−0.152	−0.401	0.200
海拔	0	2039m	1016m	587m	57.78%	0	−1.2	0.000
NDVI	−0.04	0.556	0.225	0.156	69.48%	0.058	−1.105	0.200

（2）指标变异性分析

采用地统计学方法，分析上述环境要素空间变异性，识别环境因子在空间上的相关和变异特征（表 5-9）。辽河流域各个区域环境要素的基底效应由小到大的顺序为海拔（0.026）＜降水量（0.059）＜相对湿度（0.072）＜日照时数（0.081）＜多年平均温度（0.126）＜NDVI（0.294）＜坡度（0.341）。基底效应越小，表明区域结构性因素（自然因素）引起的空间变异性程度越高；基底效应越大，表明随机部分引起的空间异质性程度越大。结果表明，上述要素都适宜作为分区的备选指标，但优先次序依次为海拔、降水量、相对湿度、日照时数、多年平均温度、NDVI 和坡度。

表 5-9　辽河流域环境要素变异函数模型相关参数

环境要素	模型	变程/m	步长/m	组数	趋势方向/(°)	块金值/m	偏基台值/m	基底效应
海拔	球状模型	615 205	54 581	12	352.9	60	2175	0.026
坡度	球状模型	649 148	54 581	12	6.4	12.38	23.89	0.341
日照时数	高斯模型	11.07	0.93	12	45.3	6 418	72 821	0.081
降水量	高斯模型	11.07	0.93	12	57	3 070	49 039	0.059
多年平均气温	高斯模型	11.07	0.93	12	80.9	1.49	10.31	0.126
相对湿度	高斯模型	11.07	0.93	12	40.5	4.65	59.98	0.072
NDVI	球状模型	7.85	0.66	12	88	42.72	102.59	0.294

(3) 与水生态相关性分析

结合鱼类、大型底栖动物生态调查情况，使用 SPSS 软件分析子流域环境要素与鱼类、大型底栖动物多样性指数的相关关系（表5-10）。结果表明，鱼类多样性与日照时数、降水量、相对湿度具有显著相关性（$P<0.05$），而与底栖动物多样性指数无显著相关，说明辽河流域的鱼类多样性可反映大尺度的生境类型，大尺度的气候要素对其表现出显著影响。

表5-10 辽河环境要素与鱼类、大型底栖动物的多样性指数的相关分析

环境要素	鱼类多样性指数（Shannon index）		底栖动物多样性指数（Shannon index）	
海拔	相关系数	−0.161	相关系数	−0.037
	显著性	0.37	显著性	0.84
坡度	相关系数	0.027	相关系数	0.3
	显著性	0.88	显著性	0.089
NDVI	相关系数	0.256	相关系数	0.129
	显著性	0.151	显著性	0.473
日照时数	相关系数	−0.426*	相关系数	−0.305
	显著性	0.013	显著性	0.085
多年平均气温	相关系数	0.022	相关系数	−0.156
	显著性	0.902	显著性	0.385
降水量	相关系数	0.436*	相关系数	0.332
	显著性	0.011	显著性	0.059
相对湿度	相关系数	0.395*	相关系数	0.295
	显著性	0.023	显著性	0.095

*代表相关性显著（95%的置信区间）。

经过上述分析，同时考虑到指标的水生态学意义的直接性和显著性，最终确定选择海拔、降水量作为辽河流域水生态分区指标，该指标具有良好的敏感性、独立性、空间变异性及其与鱼类多样性指数的相关性（表5-11）。

表5-11 辽河流域水生态分区指标筛选

环境要素	离散性	空间变异性	对水生态系统的影响	用于分区的适宜性
海拔	中等	强	不显著	√
坡度	—	弱	不显著	×
降水量	中等	强	显著	√
多年平均气温	中等	强	不显著	×
相对湿度	弱	强	显著	×
日照时数	弱	强	显著	×
NDVI	中等	中等	不显著	×

5.3.3.2 分区结果及验证

（1）分区结果概况

根据辽河流域海拔、降水量以及水系边界，将辽河流域分为 4 个水生态功能三级分区（图 5-7），分别是西辽河上游高原丘陵半干旱水生态区（Ⅰ）、西辽河下游荒漠干旱水生态区（Ⅱ）、东辽河丘陵及辽河干流平原半湿润水生态区（Ⅲ）和辽河、浑太河山地半湿润水生态区（Ⅳ）。

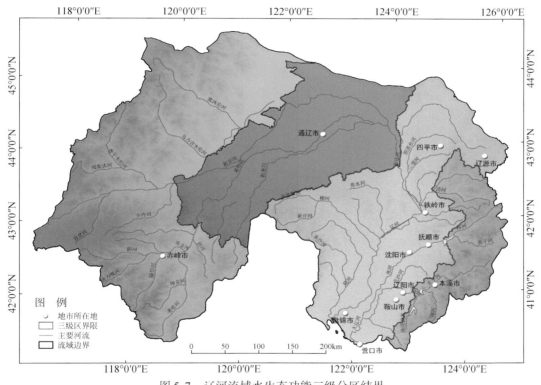

图 5-7　辽河流域水生态功能三级分区结果

（2）分区结果验证

通过对辽河流域水质、生境调查数据及鱼类群落数据进行 CCA 等数学方法分析，提出了 9 种作为验证分区结果的生物群落及栖息地环境要素指标，可以较好地用来判别辽河流域空间分布格局。这 9 个指标分别为鱼类群落优势种、鱼类群落特有指示种、鱼类群落 Patrick 指数、鱼类群落 Shannon-Wiener 多样性指数、海拔、底质、栖息地评分、BOD_5、COD。

辽河流域鱼类群落具有较为明显的空间格局异质性，总体上表现为 4 个不同的区域格局，一为浑太河中上游，二为东辽河、辽河干流及浑太河下游，三为西辽河源头，四为西辽河干流。这 4 个区域以鱼类群落为主，水生态系统情况具体表现如下：

1）浑太河中上游区域，鱼类群落种类较多，多样性较高，结构组成较复杂，其中洛氏鱥的出现频度和数量极多，为主要优势种，在群落中所占比例为 35% ~100%，此外还有沙塘鳢、花鳅等清洁种出现，地形主要为山地区，海拔较高，在 150~450m，水质状况也较好，BOD_5 值在 1.2~4mg/L，COD_{Mn} 值在 2~5mg/L。

2）东辽河、辽河干流及浑太河下游区域，虽然这三段河流覆盖面积较广，地形类型不一，但在鱼类群落结构组成上表现较为一致，种类组成较少，结构较简单，鲫、泥鳅、辽宁棒花鱼为出现频度和数量最多的鱼类，为主要的优势种，所占比例在 35% 以上，沙塘鳢、花鳅等清洁种几乎没有出现，水质状况普遍较差，BOD_5 值在 4~11mg/L，COD_{Mn} 值在 5~22mg/L。

3）西辽河源头区域，鱼类群落种类组成较单一，结构简单，条鳅为最主要的优势种，所占比例基本大于 50%，并有花鳅、洛氏鱥等清洁种出现，该区域地形基本都为山地，海拔高，在 500~1000m，水质状况一般，BOD_5 值在 4~10，COD_{Mn} 值在 4~15。

4）西辽河干流区域，该区域的大部分河流长期干涸断流，基本无法采集到水及生物样本，故单独列出。

5.3.4 全国水生态功能三级分区方案

根据 5.3.2 节和 5.3.3.1 节分区指标筛选和分区技术路线，筛选了 10 个重点流域水生态功能分区指标（表 5-12），将全国划分为 107 个水生态功能三级分区（图 5-8）。

表 5-12 10 个重点流域水生态功能三级分区指标与分区结果 （单位：个）

流域	三级分区指标	三级分区结果
松花江	气温、海拔、年径流深	13
辽河	海拔、降水	6
淮河	海拔、降水、气温	5
海河	海拔、坡度、干燥度、年径流深	6
黄河	海拔、年径流深、气温	16
长江	海拔、坡度、降水	23
珠江	海拔、降水、气温	15
西北诸河	海拔、坡度	12
西南诸河	海拔、年径流深	6
东南诸河	海拔、降水	5
合计		107

图 5-8　全国水生态功能三级分区结果

5.4　全国水生态功能四级分区

5.4.1　分区依据

　　水生态功能四级分区反映水生生物物种组成和群落多样性特征的空间差异（表 5-13）。在该尺度上，水生生物物种组成和群落多样性仍然明显受到区域生境特征影响，其中区域环境要素导致的生物地球化学过程差异是水生生物物种组成和群落多样性差异的主要驱动过程。生物地球化学过程主要受到流域地貌、土壤、植被等因素的影响，这些因素的相互作用对如天然水化学特征、营养条件、河床形态、水温等产生影响，这些特征依次影响淡水鱼类和无脊椎动物的分布与组成。

表5-13 水生态功能四级分区指标备选指标体系

指标类型	指标	指标表现形式
地貌	地貌类型、高程、坡度	定性、定量
植被	植被类型、植被指数、植被覆盖度	定性、定量
土壤	土壤类型、土壤组成	定性、定量

5.4.2 分区技术路线

水生态功能四级分区是在三级分区基础上，通过水生态系统调查获取水生态特征数据，通过统计学分析筛选出影响水生态系统的环境因子数据，利用空间技术方法对筛选出的环境因子数据库进行聚类分析，之后用小流域边界及三级区边界调整得到四级分区边界，并利用水生态数据进行检验分区结果。分区具体步骤同三级分区，此处不再详细列出。

5.4.3 分区技术方法——辽河流域案例

5.4.3.1 分区指标筛选

根据水生态功能四级分区主要影响要素，充分考虑辽河流域的环境背景特征，选用高程、坡度、多年平均气温、多年平均降水量、多年平均蒸发量、NDVI作为分区备选指标。

（1）指标敏感性分析

在对辽河流域自然地理因素定性分析的基础上，定量研究各空间变量的统计特征（表5-14）。各环境因子的极差大小排序为高程>多年平均降水量>多年平均蒸发量>坡度>多年平均气温>NDVI，极差分析结果表明，高程的极差最大。根据变异系数（CV）确定数据的敏感性，CV由标准差/平均值求得，值越大，数据变异程度越大，其空间差异性越大，敏感性越高。辽河流域的各环境数据中，坡度和高程的变异系数较大。

表5-14 辽河流域各参数的统计值

环境要素	平均值	最大值	最小值	极差	标准差	变异系数
高程/m	127.5	1288	0	1288	208.95	1.64
坡度/(°)	5.78	72.9	0	72.9	9.77	1.69
多年平均蒸发量/mm	355.7	1019.55	734	285.5	430.4	1.21
多年平均气温/℃	2.93	9.99	2.27	7.72	3.66	1.25
多年平均降水量/mm	321.76	954.1	655	299.1	389.41	1.21

续表

环境要素	平均值	最大值	最小值	极差	标准差	变异系数
NDVI	0.21	0.79	−0.47	1.26	0.28	1.33

（2）指标空间自相关分析

利用地统计学，本研究按照每隔 8km 取一个值的方法，对高程、NDVI、坡度、年降水、年均温和年蒸发进行地统计分析（表 5-15）。经过地统计分析，多年平均降水量、多年平均蒸发量和多年平均气温的变异范围在 350km 以上，是大尺度上适合使用的因子；坡度和高程是中尺度上适合使用的因子，而 NDVI 是小尺度上适合使用的因子。

表 5-15　辽河流域各环境要素空间自相关距离　　　　　（单位：km）

指标	高程	坡度	多年平均蒸发量	多年平均气温	多年平均降水量	NDVI
半方差	186	99	447	475	350	35.7

（3）指标相关性分析

选择的高程、NDVI、坡度、多年平均降水量、多年平均蒸发量和多年平均气温进行了相关分析（表 5-16）。所有因子中，坡度与各因子的相关性较低，与 DEM 相关性最高。多年平均蒸发量、多年平均降水量和多年平均气温之间相关系数最大，均在 0.9 以上，自然状况下 3 个环境因子间关系也是密切相关的。相关分析结果表明，多年平均蒸发量、多年平均降水量和多年平均气温相关性高，在分区指标选择时选择 1 个即可。

表 5-16　辽河流域环境要素相关性分析

环境要素	高程	坡度	多年平均蒸发量	多年平均气温	多年平均降水量	NDVI
DEM	1	0.84	0.6	0.52	0.75	0.79
坡度		1	0.61	0.54	0.71	0.75
多年平均蒸发量			1	0.98	0.97	0.89
多年平均气温				1	0.93	0.84
多年平均降水量					1	0.93
NDVI						1

（4）与水生态因子相关分析

利用 SPSS 软件分析水生态数据与环境因子的相关性（表 5-17），识别水生态的影响因子。分析使用的水生态数据包括浮游植物、浮游动物、底栖藻类、大型底栖动物以及鱼类的物种数、个体数、多样性指数、完整性等指数。结果表明，这些分区指标均与水生生物因子具有显著关系，说明均适合于辽河流域水生态功能四级分区划分。

表5-17 辽河流域水生态功能四级分区指标与水生态因子相关性分析结果

环境要素	浮游植物			浮游动物				底栖藻类				大型底栖动物				鱼类		
	个体数	物种数	完整性指数	密度	物种数	多样性	完整性指数	密度	物种数	多样性	完整性指数	个体数	物种数	多样性	完整性指数	物种数	个体数	完整性指数
DEM	-0.281 *		0.656 **	-0.466 **	-0.434 **	-0.301 *	-0.441 **	0.5 **			0.648 **	0.248 *	0.539 **	0.549 **	0.631 **	0.501 **		0.737 **
坡度	-0.341 **	-0.249 *	0.581 **	-0.493 **	-0.466 **	-0.311 *	-0.482 **	0.415 **			0.591 **		0.382 **	0.419 **	0.487 **	0.402 **		0.694 **
气温			-0.579 **	0.356 **	0.286 *	0.265 *		-0.519 **	-0.407 **		-0.656 **		-0.49 **	-0.513 **	-0.565 **	-0.501 **		-0.626 **
降水	-0.258 *	-0.245 *	0.643 **	-0.433 **	-0.406 **	-0.297 *	0.403 **	0.501 **	0.271 *		0.66 **	0.253 *	0.524 **	0.505 **	0.619 **	0.436 **		0.658 **
蒸发	0.253 *	0.26 *	-0.636 **	0.421 **	0.392 **	0.282 *		-0.484 **	-0.267 *		-0.66 **	-0.279 *	-0.54 **	-0.519 **	-0.623 **	-0.456 **	-0.651 **	
NDVI			0.614 **	-0.436 **	-0.386 **	-0.286 *	-0.453 **	0.359 **		-0.28 *	0.543 **		0.446 **	0.565 **	0.518 **	0.535 **		0.611 **

* 表示 $p<0.05$ 水平上显著相关; ** 表示 $p<0.01$ 水平上显著相关。

（5）分区指标的筛选

经过上述分析，同时考虑到指标的水生态学意义的直接性和显著性，最终确定选择高程、NDVI 作为辽河流域水生态功能四级分区划分指标，这两个指标具有良好的敏感性、独立性、空间变异性及其与水生生物指标的相关性（表 5-18）。

表 5-18 辽河流域水生态功能四级分区指标筛选表

环境要素	空间变异性	空间尺度	独立性	对水生态系统的影响	用于分区的适宜性
高程	强	中尺度	与坡度显著相关	显著	√
坡度	强	中尺度	与高程显著相关	显著	×
多年平均降水量	弱	大尺度	与气温、多年平均蒸发量显著相关	显著	×
多年平均气温	弱	大尺度	与多年平均降水量、多年平均蒸发量显著相关	显著	×
多年平均蒸发量	弱	大尺度	与多年平均降水量、多年平均气温显著相关	显著	×
NDVI	中等	小尺度	与气候指标显著相关	显著	√

5.4.3.2 分区结果及验证

（1）辽河流域水生态功能四级分区方案

以高程和 NDVI 为区划特征指标，通过对分区指标的聚类分析，共将辽河流域划分为 14 个四级区（图 5-9）。

（2）分区结果验证

应用水生生物数据在太子河流域进行了辽河流域水生态功能四级分区局部校验。由于浮游植物和浮游动物受河水流动影响大，其格局具有不稳定，选用着生藻类、大型底栖动物和鱼类进行水生态功能四级分区校验，结果表明，水生态功能四级分区与水生生物空间分布格局相一致。

A. 太子河流域水生生物分布特征验证

太子河大型底栖动物、鱼类和着生藻类聚类结果空间分布显示，春夏两季空间分布虽有变化，但是总体规律与太子河流域水生态功能四级分区结果一致。

B. 大型底栖动物空间分布特征验证

应用系统聚类分析，对大型底栖动物群落结构相似性（依据其群落组成的特征）进行聚类分析。5 月聚类分析的结果，首先根据其结构组成的差异，可分为两个主要的类群，其中第一类群的样点主要分布于太子河和各支流的源头区域。第二类群的样点则主要分布于太子河中下游区域，以及支流上部分受损的样点。由于第二类群中，样点组成较为复杂，在第二类群中继续进行组内的区分，根据其群落相似性结构，又可分为两个主要的亚类群。因此，太子河流域大型底栖动物基本按照其群落的组成，分为三个主要

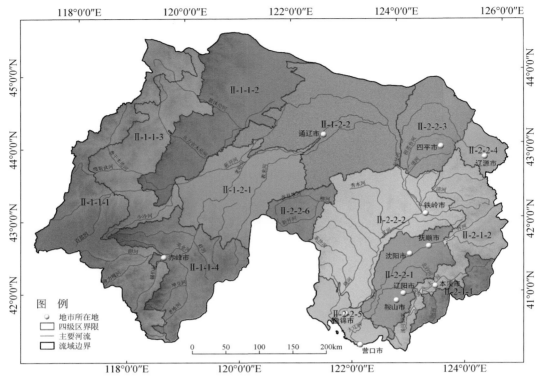

图 5-9　辽河流域水生态功能四级分区结果

的组。位于太子河南支、太子河北支、小汤河上游、细河上游、汤河上游和海城河上游的部分样点为第一组，样点均分布于辽河东部–山区–森林区，河岸带植被相对较为发达；第二组样点分布于辽河东部–低起伏山地–森林区；第三组样点分布于下辽河–平原农作物–少水区。其总体趋势，基本吻合太子河流域二级区划分的原则，自观音阁水库下太子河干流的样点，表现出较为统一的相似性，干流 21 个样点，除 T14、T30、T31 和 T40 外，其他样点均属于第三组，第三组样点以干流样点为主。太子河流域 5 月大型底栖动物空间分布与太子河流域二级区划分结果具有相似性。

依据大型底栖动物群落组成特征，进行聚类分析。8 月大型底栖动物的空间分布特征与 5 月的相同。太子河流域可以分为 4 个主要的类群，其中第一类群的样点主要分布于太子河和各支流的源头区域。第二类群的样点主要分布于太子河中游观音阁水库下至葠窝水库上的干流区域，以及中下游支流上部分样点。第三类群的样点主要包括葠窝水库下的干流样点和下游支流点位，以及北沙河、杨柳河、二道河和海城河等受人为干扰较重的河流。第四类群的样点主要是下游干流的个别样点，这些样点生境较差，大型底栖动物物种数和物种个体数均很少，可以被视为严重受损点。

C. 鱼类空间分布特征验证

太子河干流中、上游的各位点鱼类要高于下游的位点（图 5-10 和图 5-11），而且这一趋势在 8 月显得尤为明显。中游的 T28 的个体数几乎是下游 T41 个体数的 100 倍，这充分体现了中上游鱼类的个体数的集中。另外，5 月的调查结果显示，中游多数位点的个体数要略高于上游位点的个体数（图 5-10）。这也说明在水环境条件基本相似的情况下，个体数与水深是成正比的。环境污染造成鱼类分布极少或没有鱼类的情况也在一些位点出现，如北沙河的 T43、T44 位点 5 月各只捕获到 1 尾鱼，而位于海城五道河的 T56 点则因为污染严重没有采集到任何鱼类，也可以确定该区几乎没有鱼类分布，且 8 月的采样结果也再次证实了这一状况。

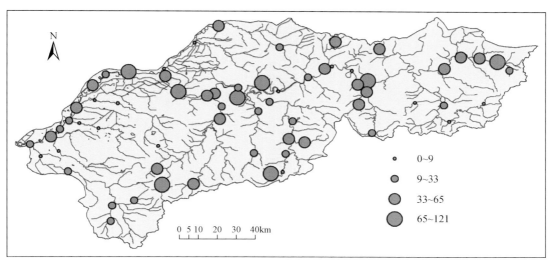

图 5-10　太子河鱼类 2009 年 5 月个体数量空间分布（春季）

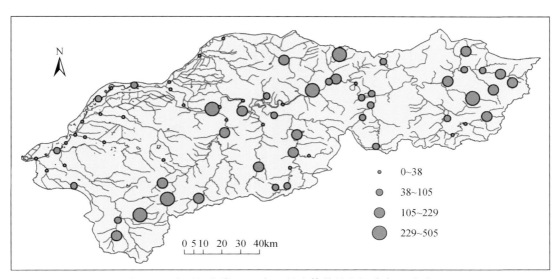

图 5-11　太子河鱼类 2009 年 8 月个体数量空间分布（秋季）

上、中、下游总体波动呈现较为平缓的趋势（图 5-12 和图 5-13）。但整体而言，依然是中、上游的物种数要高于下游。各位点的物种数基本在 6~8。

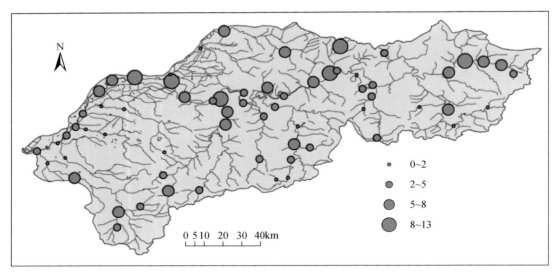

图 5-12　太子河鱼类 2009 年 5 月物种数量空间分布（春季）

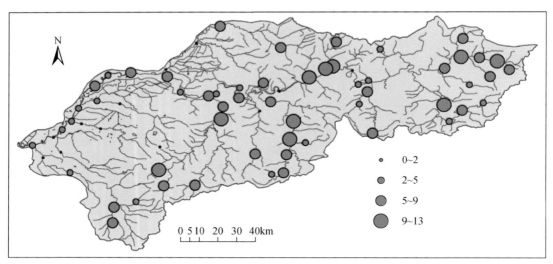

图 5-13　太子河鱼类 2009 年 8 月物种数量空间分布（秋季）

D. 着生藻类空间分布特征验证

春季太子河中上游地区，着生藻类的种类数量较多，其中以太子河北支和太子河干流观音阁水库坝下支本溪市河段的种类最多，最高值可达 52 种，平均值为 30 种；而在北沙河、南沙河、杨柳河、海城五道河和太子河干流葠窝水库至三岔河口区段，藻类的种类数量较少，在某些点位（如杨柳河和海城五道）甚至没有采集到着生藻类，在这些区域着生藻类的物种数量的平均值为 11 种。在全流域尺度上，着生藻类的物种数量的平均值为 19 种。进入秋季，太子河全流域着生藻类的物种数量无明显的分布规律，但总体上还是干流中上游地区着生藻类的物种数量大于下游地区，而支流也表现为中上游河段着生藻类的物种数量大于下游地区。此外，太子河上游地区硅藻所占比例平均值（73.2%）要大于中下游地区硅藻所占比例平均值（48.7%）。

太子河中上游地区，水质较好，着生藻类的特有类群包括环状扇形藻、短线脆杆藻、近缘桥弯藻、双生双楔藻、弧形蛾眉藻、极细微曲壳藻隐头变种和最细丝藻；而进入中下游污染较为严重的地区，着生藻类群落结构发生相应改变，较为耐污的种类，如盐生舟形藻、线形舟形藻、卵形双菱藻羽纹变种、绿裸藻、巨颤藻和小席藻成为优势类群。

进入秋季，由于全流域范围内着生藻类的群落发生了相应的演替，上游和中下游着生藻类群落结构也发生了相应变化，表现为上游的太子河南支、太子河北支和小汤河西支，着生藻类的优势类群为普通等片藻、胡斯特桥弯藻、橄榄绿色异极藻、极细微曲壳藻（隐头变种）、二形栅藻和湖泊鞘丝藻；进入中下游地区，如海城河、汤河、北沙河和太子河干流本溪至海城河段，着生藻类的优势类群为钝脆杆藻、相对舟形藻、锉刀状布纹藻、肘状针杆藻、池生菱形藻和卵圆双菱藻盐生变种。

5.4.4 全国水生态功能四级分区方案

根据 5.4.2 节和 5.4.3 节分区指标筛选和分区技术路线，筛选了 10 个重点流域水生态功能四级分区指标（表 5-19），将全国划分为 354 个水生态功能四级分区（图 5-14）。

表 5-19 10 个重点流域水生态功能四级分区指标与分区结果 （单位：个）

流域	四级分区指标	四级分区结果
松花江	坡度、NDVI 指数	29
辽河	地貌、NDVI 指数	23
海河	土壤类型、植被类型	15
黄河	地貌、NDVI 指数	16
淮河	径流深、土壤饱和含水量、淋溶土比例	56
长江	NDVI 指数、土壤类型、坡度	122
珠江	土壤类型、NDVI 指数	27
东南诸河	植被类型、坡度	35
西北诸河	NDVI 指数、土壤类型	9
西南诸河	NDVI 指数、土壤类型、坡度	22
合计		354

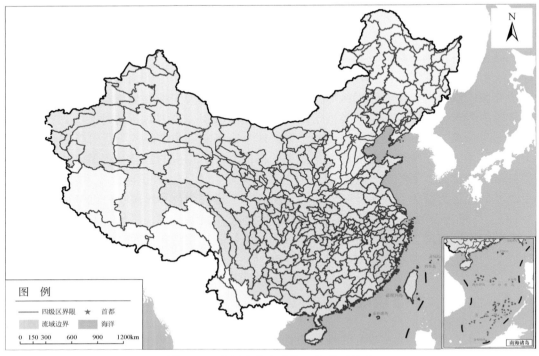

图 5-14　全国水生态功能四级分区结果

5.5　全国水生态功能五级分区

5.5.1　分区依据

　　水生态功能五级分区主要体现四级分区内子流域的水生态功能类型差异，为河流保护目标制定提供科学依据。水生态功能维持的关键在于维持适宜的生境条件。人类活动压力（土地利用）可导致河流水位、流量、流速、洪水脉冲等水文条件发生变化，进而影响生境条件。生境类型对水生态系统结构和功能起决定性作用（Rosgen，1994），如坡降对水流速度、物质运输过程、河网形成及其生态响应过程的影响，河道形态、河流等级等对水生态系统的影响（MacArthur and Wilson，1967；Gregory and Walling，1971；Wright et al.，1983；Rosgen，1994；Oberdorff et al.，1995；Rathert et al.，1999；Reinfelds et al.，2004）。在这一尺度以土地利用和河流生境指标作为水生态功能五级分区的备选指标（表 5-20）。

表 5-20　水生态功能五级分区备选指标体系

指标类型	指标
土地利用	农田、城镇用地、林地、草地以及其他建设用地的面积比例
河流生境	流域坡度、河网密度、流域形状与规模、流域面积、河流等级、节点密度

5.5.2　分区技术路线

水生态功能五级分区采用自下而上的划分方法，以集水小流域为划分基本单元，计算集水子流域土地利用、水系结构，分别评判子流域人类活动压力和水系自然状况，在此基础上通过定性或定量方法进行分类。

1）通过文献调研或数据分析，识别影响水生生物群落结构退化或达到较好状态的农田、城镇用地、林地、草地以及其他建筑用地的面积比例阈值。

2）通过专家经验或数据分析，识别导致水生生物群落结构变化的河流指标阈值。

3）通过定性的分类树方法，或者定量的聚类分析方法，对集水子流域内指标进行划分。将同类的集水子流域合并，得到水生态功能五级分区（图 5-15）。

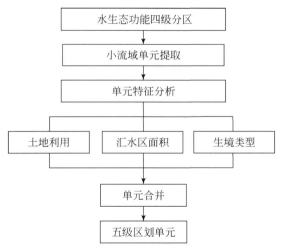

图 5-15　流域水生态功能五级分区划分技术路线

5.5.3　分区技术方法——辽河流域案例

5.5.3.1　小流域单元划分

小流域单元的划分采用美国的划分技术。辽河流域总面积 220 000km^2（即

84 942mi²①），根据美国流域划分技术 WBD 给定的尺度范围（表 5-21），美国流域大致可划为 121 个亚集水区，374 个流域，2123 个亚流域。

表 5-21　美国流域划分技术 WBD 给定的尺度范围

单元级别	单元代码	分级名称	平均面积/km²	单元个数
1	2 位（2-digit）	区域	459 878	21（实际）
2	4 位（4-digit）	亚区域	43 512	222
3	6 位（6-digit）	集水区	27 444	370
4	8 位（8-digit）	亚集水区	1 813	2 270
5	10 位（10-digit）	流域	588	20 000
6	12 位（12-digit）	亚流域	104	100 000

　　辽河流域单元的具体划分标准为：①所有地表水排入一点；②一个水文单元有一个单独的出水口；③主要干流单独为一个水文单元；④一个水文单元必须在一个二级区内；⑤每个水文单元都是基于主要干流的主要支流的细分；⑥边界不可遵循河流或平行河流划定，除非护堤等类似结构阻碍河流流向出口点；⑦水文边界必须完全按地形和水文特征划定，不可以行政和管理边界划定。

　　参考美国的流域单元划分方法，根据小流域具体划分标准，辽河流域划定了 155 个流域单元，见图 5-16。

5.5.3.2　指标分析与聚类

　　水生态功能五级分区指标要求能反映河流系统的物理特性、水系结构和规模，还有人类活动对河流系统的影响。据此查阅文献最终选择流域单元内的土地利用类型面积比例、河流等级作为辽河流域水生态功能五级分区分类指标。

（1）土地利用类型面积比例特征

　　考虑到人类活动对辽河流域水生态功能的影响，将土地利用类型作为五级分区划分的一个指标类型，辽河流域土地利用类型见图 5-17。

　　对辽河流域土地利用类型进行分析，统计辽河流域主要土地利用类型、全流域各地类的面积比例以及主要分布区域，见表 5-22。

---

①　1 mi = 1609.344m。

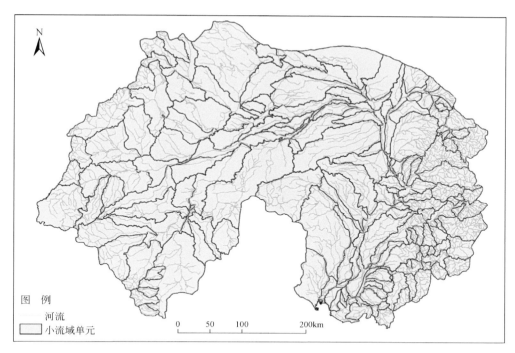

图 5-16 辽河流域五级分区流域单元

图 5-17 辽河流域土地利用类型

表 5-22　辽河流域土地利用类型比例和主要分布区域　　　　（单位：%）

土地利用类型	包含类型	面积比例	主要分布区域
农田	水田、旱田	37.15	辽河干流及其大部分支流、东辽河的大部分区域、大辽河的大部分区域、西辽河的少部分区域、浑河下游的少部分区域、老哈河的少数区域、教来河的部分区域，另外鲁北河、新开河等流域也有分布但很少
城乡、工矿、居民用地	城镇、居民点、其他建设用地	3.87	浑河的中游小部分流域和太子河的下游小部分流域
未利用土地及其他用地	沙地、戈壁、盐碱地、沼泽地、裸土地、裸岩石砾地等	10.57	东沙河的部分流域、老哈河及西拉木伦河的部分流域、新开河上游的少数流域
林地	灌木林、疏林地、其他林地	18.09	浑河、太子河的大部分区域以及老哈河上游的部分支流
水域	河渠、湖泊、水库坑塘、滩涂、滩地、永久性冰川雪地	2.12	分布面积很小，主要是几个大型水库，如清河水库、棋盘山水库、大伙房水库等
草地	高、中、低覆盖度草地	28.2	西辽河的大部分区域、西拉木伦河上游的大多数支流、新开河上游的大多数支流

通过对辽河流域的各土地利用类型的分布进行分析，以及对东辽河、西辽河、辽河干流及支流、浑太河等区域的分布特征进行分析，得出东辽河以农田为主；西辽河以草地为主，有部分农田和少数未利用土地及其他用地；辽河干流以农田为主；浑河、太子河的土地利用类型分布相似，上游以林地为主，下游以农田为主，都有占地面积很少的城乡、工矿、居民用地分布；整个辽河流域东边大多为农田和林地，西边主要为草地，全流域均有大型水库分布。

（2）河流等级特征

辽河流域河流等级划分按源头支流为 1 级，两个 1 级支流汇合后为 2 级，干流等级最高的方法划分。河流等级在全流域的分布特征体现了支流越多河流等级越高的特点，辽河流域河流等级分布见图 5-18，各河流等级的长度、所占比例以及分布特征见表 5-23。

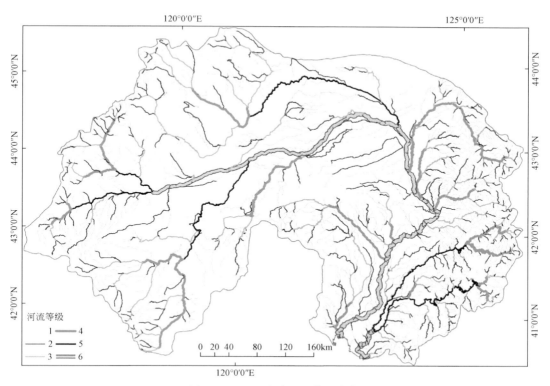

图 5-18 辽河流域河流等级分布

表 5-23 辽河流域河流等级统计

河流等级	河流长度/km	辽河流域河流总长度/km	比例/%	主要河流
1	19 459.65		54.71	
2	7 717.71		21.70	
3	3 939.19		11.08	
4	1 896.85	35 566.92	5.33	浑河的支流苏子河，太子河的支流沙松河，东辽河，辽河干流的支流柳河、老窑河、清河、二道河、招苏台子河，教来河
5	1 392.75		3.92	浑河、太子河干流，老哈河干流，新开河干流，西拉木伦河两大支流
6	1 160.77		3.26	辽河干流，西辽河、西拉木伦河、大辽河干流

　　辽河流域主要干流的河流等级空间分布特征：东辽河的河流等级有 4 级，辽河干流和西辽河的河流等级有 6 级，浑河、太子河的河流等级有 5 级。

　　辽河流域指标聚类时分别以 14 个水生态功能四级分区为单元进行指标聚类，聚类方法选择 Ward 聚类法，该方法保证分类结果组内方差最小，组间方差最大，能将分类对象很好地分开，是目前广泛采用的聚类分析，聚类操作在 R 软件下完成。

　　根据辽河流域水生态功能五级分区指标聚类结果，结合辽河流域河流特征的调查分析，最终将整个辽河流域划分成 53 个五级分区（图 5-19）。

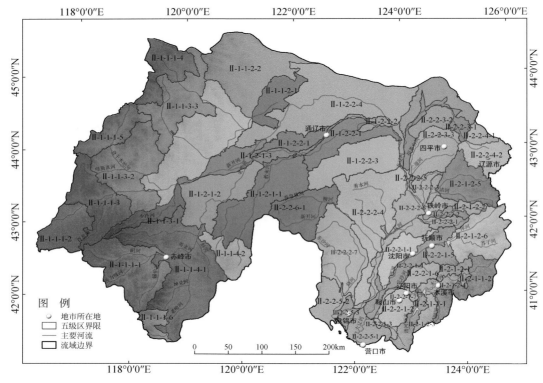

图 5-19　辽河流域水生态功能五级分区结果

5.5.4　全国水生态功能五级分区方案

　　根据以上分区指标筛选和分区技术路线，筛选了 10 个重点流域水生态功能五级分区指标（表 5-24），将全国划分为 1404 个水生态功能五级分区（图 5-20）。

表 5-24   10 个重点流域水生态功能五级分区指标与分区结果   （单位：个）

流域	五级分区指标	五级分区结果
松花江	流域坡度、河网密度、土地利用	75
辽河	河流等级、土地利用	97
海河	流域坡度、土地利用、流域形状与规模、人类活动压力	64
黄河	土地利用、流域坡度、河流等级	73
淮河	流域坡度、土地利用、水域面积百分比	148
长江	土地利用、水系类别、节点密度、河流等级	515
珠江	流域坡度、土地利用、河流等级	151
东南诸河	土地利用、流域坡度、河网密度	79
西北诸河	流域坡度、土地利用、河流等级	67
西南诸河	节点密度、流域坡度、土地利用、河流等级	135
合计		1404

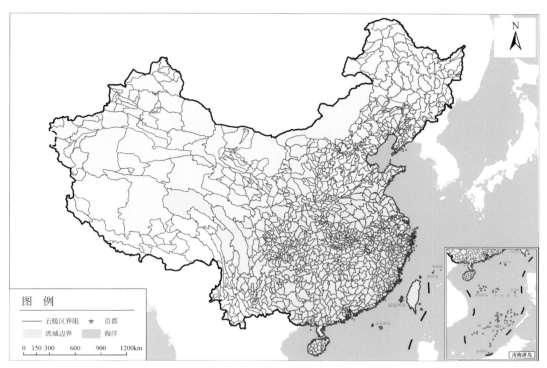

图 5-20   全国水生态功能五级分区结果

5.6　小　　结

1）一级分区采用自上而下方法进行划分。从气候、地形地貌备选指标中，通过尺度方差分析、经向和纬向变异分析、环境要素和水生生物相关性分析，筛选出降水、年内月降水极差、积温和海拔4个一级分区指标，并通过物种适应性分析方法确定分区标准，最终形成全国水生态功能一级分区方案，包括东北黑龙江温带水生态地理大区、华北–东北暖温带水生态地理大区、西北–内蒙古高原温带水生态地理大区、青藏高原高寒区水生态地理大区、华中亚热带水生态地理大区、华南亚热带–热带水生态地理大区6个一级分区单元。

2）二级分区采用自下而上方法进行划分。在一级分区方案基础上，通过相关性分析筛选出各一级分区单元内的二级分区指标。利用K均值聚类方法对一级分区内的水资源三级分区单元进行归并，最终形成全国水生态功能二级分区方案，包括33个二级分区单元。

3）三级分区采用自上而下方法进行划分。根据指标敏感性分析、指标变异分析和水生态相关性分析筛选出10个重点流域的三级分区指标。在二级分区方案基础上，通过对分区指标进行聚类叠加，最终形成全国水生态功能三级分区方案，包括107个三级分区单元。

4）四级分区采用自上而下方法进行划分。分区思路与三级分区一致，以流域地貌、土壤、植被作为四级分区核心指标，将全国划分为354个四级分区单元。

5）五级分区采用自下而上方法进行划分。以小流域为划分基本单元，计算小流域土地利用和河流生境指标，通过对四级分区内小流域进行聚类，最终形成全国水生态功能五级分区方案，包括1404个五级分区单元。

|第6章| 水生态功能区分级分类管理方案

水生态功能区是等级性分区，管理目标也具有适宜的空间尺度，全国水生态功能五级分区主要反映人类活动和河流形态对水生态功能的空间差异的影响，可为水生态保护提供目标。同时水生态功能五级分区的尺度与国家控制单元尺度接近，因此以全国水生态功能五级分区作为水生态环境目标制定、考核的基本单元。

全国水生态功能区实行分区分级分类管理，各分区是管理的主体，是水生态环境目标制定、水生态保护等管理措施制定和考核的基本单元。在全国水生态功能五级分区的基础上，进一步识别各分区主导生态功能，根据生态功能的需要确定水生态保护的潜在等级，并作为水生态功能区的分级标准，进而确定各分区的水生态健康潜在等级，实行分级管理；开展各分区水生态健康评价，识别水生态健康现状，根据水生态健康潜在等级和生态等级现状对水生态功能区划定水生态健康管控类型，制定分类管理要求。

6.1 全国水生态功能评估与主导功能确定

6.1.1 水生态功能评估方法

识别流域水生态功能，根据功能维持需要针对性提出管理目标和保护修复策略是水生态功能区管理的核心。根据当前国内外水生态功能研究的进展，从"三水"统筹出发，提出水源涵养功能、重要水生生物生境保护、重要生态系统类型保护、城市生活支撑、农业生产支撑5种水生态功能评估技术方法，并根据功能区特征，识别功能区主导生态功能，为保护目标的制定提供依据。

6.1.1.1 水源涵养功能

水源涵养功能是生态系统（如森林、草地等）通过其特有的结构与水相互作用，对降水进行截留、渗透、蓄积，并通过蒸散发实现对水流、水循环的调控，主要表现在缓和地表径流、补充地下水、减缓河流流量的季节波动、滞洪补枯、保证水质等方面（王晓学等，2013）。水源涵养与水文调节都是陆地生态系统所能提供的水文服务，并从生态水文和水资源角度把生态系统的健康及完整性与人类社会的持续发展紧密联系起来，是流域水生系统健康的重要基础。

（1）计算方法

采用水量平衡方程（丁晓欣等，2019）来计算水源涵养量，计算公式为

$$TQ = \sum_{i=1}^{j} (P_i - R_i - ET_i) \times A_i \times 10^3 \tag{6-1}$$

式中，TQ 为总水源涵养量（m^3）；P_i 为降水量（mm）；R_i 为地表径流量（mm）；ET_i 为蒸散发量（mm）；A_i 为生态系统面积（km^2）；i 为研究区第 i 类生态系统类型；j 为研究区生态系统类型数。

（2） 数据来源与处理

降水数据，全国国家基本气象站插值数据，时间范围为 1981～2019 年，数据来源于中国科学院地理科学与资源研究所。实际蒸散发数据，主要用到全球 PML_V2 陆地蒸散发与总初级生产力数据集，时间范围为 2000～2019 年，数据来源于国家青藏高原科学数据中心。生态系统类型数据，时间范围为 2015 年，数据来源于生态环境部卫星环境应用中心。

（3） 全国水源涵养量结果

将各因子统一成 250m 分辨率的栅格数据，根据公式计算得到全国生态系统水源涵养量。根据计算结果，全国水源涵养总体呈现东南高、西北低，由东到西递减的趋势。水源涵养量较高的区域主要集中在武夷山区、南岭、大巴山区、四川盆地、大别山区等，其次为云贵高原、秦岭，这些区域植被以阔叶林为主，降水丰富。水源涵养量一般的区域主要分布在长白山与大小兴安岭地带，区域植被以针叶林和针阔混交林为主。内蒙古高原、青藏高原以及新疆北部的水源涵养量较低。年降水量在 400mm 以下，植被以草地为主。

五级分区水源涵养量累加服务值占比≥80% 的单元作为水源涵养功能判别的依据。

6.1.1.2　重要水生生物生境保护功能

水生态系统不仅为水生生物提供营养物质及栖息地，也为许多珍稀物种资源提供繁殖的场所和栖息地，珍稀水生生物存活状况反映珍稀水生动物受保护程度（童波和操文颖，2008）。2011 年，农业部颁布《水产种质资源保护区管理暂行办法》，要求对水产种质资源进行管理。根据区域内保护区的数量、面积、范围和物种重要性程度划分重要水生生物栖息地/洄游通道功能。

（1） 计算方法

利用建立的水产种质资源 .shp 矢量文件，通过 ArcGIS 数据分析功能，提取各分区内的水产种质资源保护区信息，统计各分区内保护区数量、面积，以及保护的物种等信息。

（2） 数据来源与处理

选用农业部公布的《国家级水产种质资源保护区名单》（第一～第十一批）作为本研究的数据源，数据信息包括保护区名称、空间分布范围、保护对象等，以此构建水产种质资源矢量数据库。

（3） 全国水产种质资源保护区分布

根据水产种质资源保护区，识别我国五级分区内保护水生物种的栖息地。结果显示，全国共有 535 个国家级水产种质资源保护区，主要集中分布在我国长江流域、黄河流域以及鸭绿江和松花江流域地区。以每个功能区存在国家级水产种质资源保护区的区域作为水生珍稀特有物种栖息地功能评估的依据。

6.1.1.3 重要生态系统类型保护功能

重要生态系统类型体现了流域内生态系统保持原生或自然状态的自然保护区及湿地等重要生态系统类型状况。收集《全国生态功能区划》《全国主体功能区划》等已有的区划，以及全国自然保护区、重要湿地的分布、面积以及保护物种信息，根据区域重要性、生态敏感性和脆弱性特征分析，识别具有重要的水生态环境功能且保持完整自然状态、易于破坏且破坏后难以恢复的区域，并划分为重要生态资产保护功能区域（龚相湉，2018）。

（1）计算方法

重要生态系统类型保护功能通过计算流域内对水生态健康维持具有重要作用的自然保护区和湿地的面积占五级分区总面积的比例来反映。

重要生态资产占面积的比例=（保护区面积+湿地面积）/五级区面积

对我国具有重要生态意义且现状自然状态保持较好的三江源、大兴安岭、小兴安岭、青藏高原山地等仍是我国需要重点关注的区域。

（2）数据来源与处理

数据从中国自然保护区数据库（http://www.swanimal.csdb.cn/reserve/queryindex.html）下载获取，内容包括保护区名称、所处地点、保护理由、保护区等级、面积大小、管理部门、建立时间等，共2500多条数据。

根据收集到的自然保护区数据，利用经纬度建立保护区分布点文件，并将面积、保护物种等信息列入属性表。利用ArcGIS提取水生态功能五级分区内保护区面积比例、湿地面积比例、统计二者占五级分区面积的比例，作为评价指标。

（3）全国重要生态系统分布

我国自然保护区和重要湿地分布的分析结果显示，我国大型保护区主要分布在青藏高原、三江源地区、黄河上游地区以及长江上游地区，这些地区也主要分布着我国的重要湿地，除此以外，东北三江平原、长江下游入海口也分布着我国主要的湖泊、沼泽湿地。自然保护区面积比例+湿地面积比例≥7%作为重要生态系统类型保护功能判定的依据。

6.1.1.4 城市生活支撑功能

当前水生态系统受到了人类活动的改变，形成流域–人类复合生态系统。人类主要依水居住，从水体中获得水资源，并将产生的污染物排入水体，流域支撑了人类的生产、生活，即提供了支撑功能，因此满足人类居住生活是水体重要的服务功能之一。根据《全国生态功能区划》《全国主体功能区划》，收集我国百万人口以上城市。根据主体功能区中城市化战略格局分布，识别生态功能区中大都市群和重点城镇群分布，以及我国大城市分布，通过对三者的综合分析，识别判断城市用水与水质安全功能（樊杰等，2013）。

（1）计算方法

利用建立的城市人口.shp格式矢量文件，通过ArcGIS数据分析功能，提取五级分区内 100 万人以上大型城市数量数。

（2）数据来源与处理

根据中国县级以上城市矢量数据、中国城市人口数据库（http://www.stats.gov.cn/ztjc/zdtjgz/zgrkpc/dlcrkpc/），收集城市人口数据，建立 100 万人以上人口大型城市的人口数据库。

（3）全国城市生活支撑功能判别结果

根据特大城市、《全国生态功能区划》及《全国主体功能区规划》中城市（镇）群等数量和分布情况，通过功能重要性评价和专家判断方法，确定满足以下两个条件之一即可认定该五级分区具有重要城市生活支撑功能：①《全国生态功能区划》中 3 个大城市群、19 个重要城镇群人居保障功能区和《全国主体功能区规划》中"城市化战略格局示意图"的城市地区；②五级区内有大型城市（人口大于 500 万人）。

6.1.1.5 农业生产支撑功能

提供农产品是生态系统满足人类使用需求的最主要的服务功能，农业灌溉使用地表水、地下水，影响区域水循环过程。同时，农田面积比例与水生态系统间具有显著的相关性，农田面积比例增加，水化学质量受到影响，水生态系统也会受到影响，出现退化的趋势。因此，在区域尺度上，农田面积比例既能体现生态系统服务功能，也能反映人类活动对水体、水生态系统的影响。

根据 2018 年全国土地利用数据（来源于 LANDSAT TM 遥感影像），农业用地面积比例在 80% 以上的区域主要包括山东、江苏、河南、安徽等淮河下游、黄河流域下游、海河流域以及成都平原地区；农业用地面积比例在 40% 以上的区域还包括松辽平原、黄河流域中游地区以及长江下游的某些地区。这些区域是我国粮食主产区（余振平，2020），也是主体功能区中我国的农业战略格局分布区。农业用地面积占五级分区面积的比例≥40% 作为农业生产支撑功能判定的依据。

6.1.2 水生态功能区主导功能确定

根据流域自然特点，结合人类使用需求和流域健康的目标，根据以下原则识别五级区主导功能：①与国家主体功能区、生态功能区大区域战略定位一致；②适当考虑具有优势的功能类型（根据功能的发挥作用、面积比例排序）；③在优势功能不突出时，功能优先顺序可考虑水源涵养功能>重要水生生物生境保护功能>重要生态系统类型保护功能>城市生活支撑功能>农业生产支撑功能。

最终得到全国 1404 个水生态功能五级分区的主导功能。其中，水源涵养功能区 544 个，占 38.75%；重要水生生物生境保护功能区 261 个，占 18.59%；重要生态系统类型保护功能区 139 个，占 9.90%；城市生活支撑功能区 114 个，占 8.12%；农业生产支撑功能区 346 个，占 24.64%，具体分布如图 6-1 所示。

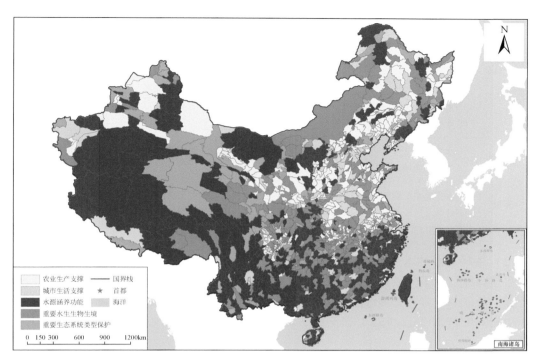

图 6-1　全国水生态功能五级分区主导功能分布

6.2　全国水生态区分级分类管理

6.2.1　全国水生态功能区分级分类方法

6.2.1.1　水生态功能区分级依据

（1）水生态健康等级目标划分标准

水生态功能的保障是水环境管理的最终目标，在当前生态系统被人类干扰利用的背景下，不同功能区内水生态目标要求应存在差异。因此需要根据水生态系统所处的原始状态水平、现状生态功能状态以及管理保护的要求，科学评定各区生态等级，并据此制订针对性的管理措施，这是实现流域生态功能健康维持的科学手段。根据对国内外流域生态功能评价及生态状况等级评价划分的调研，结合流域水生态环境管理的需求，将水生态功能区划分为Ⅰ～Ⅳ共四个等级实行分级管理，划分标准见表6-1。

表 6-1　水生态功能区保护等级划分标准

水生态保护等级	划分标准
Ⅰ级区	水生态系统保持自然生态状态，具有健全的生态功能，需要全面保护的区域，以饮用水源地源头、国家自然保护区等重要珍稀物种保护、水生珍稀特有物种栖息地等为主的区域
Ⅱ级区	水生态系统受到较少的人类干扰，生态功能基本健全，需要重点保护的区域，以水源涵养功能、水生生境维持、重要生态资产保护等功能为主的区域
Ⅲ级区	水生态系统受到中等程度的人为干扰，部分生态功能受到威胁，以土壤保持、水产品提供等功能为主的区域
Ⅳ级	水生态系统受到人为干扰程度较高，能发挥一定程度的生态功能，以生产生活支撑等功能为主的区域

（2）主导功能的水生态健康等级要求

主导功能是五级分区管理目标设定的核心依据，决定了水生态健康等级的要求。针对每个五级分区的主导生态功能，确定了维持其功能所需的生态健康等级要求（表 6-2）。生态功能的维持需要较高的生态等级，而人类使用功能的维持对生态健康等级的要求较低。

表 6-2　流域水生态功能区主导功能维持所需生态等级要求

主导功能	水生态等级要求
水源涵养功能	Ⅰ～Ⅲ级
重要水生生物生境保护功能	Ⅰ～Ⅱ级
重要生态系统类型保护功能	Ⅰ～Ⅲ级
城市生活支撑功能	Ⅲ～Ⅳ级
农业生产支撑功能	Ⅲ～Ⅳ级

（3）生态健康等级目标的确定方法

在主导功能对水生态等级要求基础上，结合水生态现状，在现状基础上提升 1 个级别作为水生态等级目标确定的依据。

对于水生态数据丰富的流域，可根据水体污染控制与治理科技重大专项提出的水生态系统健康评估方法进行评价。收集流域内鱼类、大型底栖动物和藻类等水生生物数据，水化学、营养状态等水环境数据，构建鱼类评价指数、大型底栖动物评价指数、藻类指数、水化学状态指数和营养状态指数并进行评价，基于各指数计算水生态健康综合评价指数（图 6-2）。根据水生态健康综合评价指数，将水生态系统健康状态分为 5 级，即优、良、一般、较差和差（表 6-3）。Ⅰ～Ⅲ级对应水生态健康等级中的优、良、一般，Ⅳ级对应水生态健康等级中的较差和差。

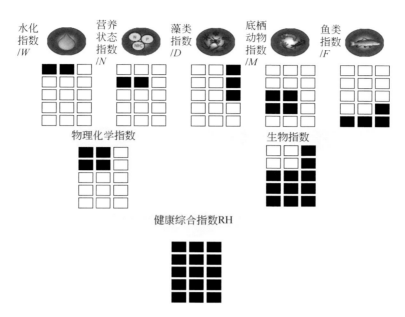

图 6-2　流域水生态健康指数计算方法

表 6-3　流域水生态环境功能区水生态健康评价指数分级

水生态健康等级	得分	描述
优	(0.8, 1]	水生态系统未受到或仅受到极小的人为干扰，并且接近水生态系统的自然状况
良	(0.6, 0.8]	水生态系统受到较少的人类干扰，极少数对人为活动敏感的物种有一定程度的丧失
一般	(0.4, 0.6]	水生态系统受到中等程度的人为干扰，大部分对人为活动敏感的物种丧失，水生生物群落以中等耐污物种占据优势
较差	(0.2, 0.4]	水生态系统受到人为干扰程度较高，对人为活动敏感的物种全部丧失，水生生物群落以中等耐污和耐污物种占据优势，群落呈现单一化趋势
差	(0, 0.2]	水生态系统受到人为干扰严重，水生生物群落以耐污物种占据绝对优势

对于数据缺乏的流域，可利用流域土地利用图或水环境质量监测数据进行生态健康等级的确定。

针对流域土地利用图，以森林、草地、灌木林等自然状态植被为评价对象，统计每个水生态功能区内自然植被占区面积的比例，按照面积比例 75%～100%、50%～75%、25%～50%、0～25%分别评价为生态Ⅰ、Ⅱ、Ⅲ、Ⅳ级区。

样点水环境质量的评估依据《地表水环境质量标准》（GB 3838—2002）进行评价。对汇水流域内的多个样点，根据不同等级结果的比例进行评价，确定水环境质量等级状况（表 6-4）。

表 6-4 河流、流域（水系）水质定性评价分级

水质类别比例	水质状况	生态等级
Ⅰ～Ⅲ类水质比例≥90%	优	Ⅰ级
75%≤Ⅰ～Ⅲ类水质比例<90%	良好	Ⅱ级
Ⅰ～Ⅲ类水质比例<75%，且劣Ⅴ类比例<20%	轻度污染	Ⅲ级
Ⅰ～Ⅲ类水质比例<75%，且劣Ⅴ类比例>20%	中重度污染	Ⅳ级

6.2.1.2 水生态功能区分类依据

依据水生态功能保护等级和水生态健康状况等级，将水生态功能区划分为风险防范类、功能保护类、功能恢复类、功能改善类四种类型，分类标准见表6-5。

表 6-5 水生态功能区分类标准

水生态保护等级	水生态现状	分类
Ⅰ级区	优/良	风险防范类
Ⅱ级区	优/良	功能保护类
	一般及以下	功能恢复类
Ⅲ级区	优/良	功能保护类
	一般及以下	功能恢复类
Ⅳ级	较差/差	功能改善类

风险防范类：具有饮用水源地、重要生物物种保护以及重要栖息地保护价值的区域，享有最高保护优先权，以风险防范为主要管理目标。

功能保护类：指水生态等级要求高，且水生态系统健康现状良好的区域，以水生态功能保护和维持为主要管理目标。

功能恢复类：指水生态等级要求高，且水生态系统健康现状存在明显胁迫要素，水生态健康现状一般的区域，以水生态功能恢复为主要管理目标。

功能改善类：指水生态等级要求一般，且水生态系统健康现状较差的区域，以水生态系统功能修复改善为主要管理目标。

6.2.2 全国水生态功能区分级分类管理要求

6.2.2.1 全国水生态功能区管理目标体系

开展水生态功能分区管理是实现单一水质目标管理向水质水生态双重管控的重要手段，基于水体污染控制与治理科技重大专项的研究成果和"十四五"重点流域规划要求，提出我国水生态功能区管理目标体系，主要包括水环境质量目标、水生态健康目标、水资源管理和空间管控目标等。

（1）水质目标

水质目标确定主要遵循以下原则：一是遵照水质反退化原则，考核目标原则上不低于水质现状值；二是以《全国重要江河湖泊水功能区划（2011—2030 年）》为重要依据，断面水质目标充分衔接水（环境）功能区目标，但不高于水（环境）功能区目标；三是结合区域社会经济发展、污染减排潜力以及断面近几年水质变化情况，科学确定考核断面水质目标；四是衔接国务院已批复规划中的断面水质目标。

（2）水生态健康目标

水生态健康目标主要以水生态健康指数和水生生物保护物种作为考核指标。

水生态功能区保护等级确定技术框架主要包括以下内容：①明确水生态功能分区；②评价水生态状态；③分析水生态质量与诊断水生态问题；④预设水生态保护等级目标；⑤评估水生态等级目标可达性；⑥确定水生态保护等级目标。

物种是生态系统结构最基本的组成部分，通过保护具有特殊价值、重要功能、伞护种、指示性的物种，从而维持水生态系统结构和功能的完整性。特殊价值、重要功能、伞护种、指示种等关键物种的种群特征能有效表征水生态系统的健康状况。重要保护物种筛选参照的资料来源主要有：《世界自然保护联盟濒危物种红色名录》（*IUCN Red List of Threatened Species* 或称 IUCN 红色名录）；CITES（《濒危野生动植物种国际贸易公约》或称《华盛顿公约》），该条约于 1973 年 6 月 21 日在美国首府华盛顿所签署；《中国物种红色名录》；《国家重点保护野生动物名录》，1988 年 12 月 10 日国务院批准，1989 年 1 月 14 日由林业部、农业部发布施行；《中国濒危动物红皮书·鱼类》。具体技术方法参考《流域水生生物保护物种确定技术指南（征求意见稿）》。

（3）水资源管理目标

水资源管理目标主要以达到生态流量（水位）底线要求的河湖数量作为考核目标。考虑水生态环境质量达标、河流生态保护修复、生物物种栖息地保护修复、河口压咸等的生态环境需求，根据河流湖泊断流干涸现状，按照"只能改善、不能变差"的原则设定目标，逐一明确生态流量（水位）底线要求，重点衔接水利部河湖生态流量确定成果。

（4）空间管控目标

空间管控目标主要以生态红线、生态用地和缓冲带植被覆盖度作为考核指标。

根据各省市区颁布的生态保护红线划定方案，将生态保护红线汇总至分区，生态保护红线是严格管控的区域，各功能区内生态红线面积比例作为考核目标。

生态用地主要考虑湿地和林地，依据遥感卫星数据对土地利用现状进行解译，统计各用地现状情况后汇总至分区。遵循生态等级目标对生态用地的要求、各省市区土地利用总体规划及现状生态用地不退化的原则合理确定各分区湿地和林地等控制目标。

确定滨岸缓冲带划定范围，土地利用现状解译，统计确定滨岸缓冲带的植被覆盖汇总至分区，遵循生态等级目标对缓冲带植被覆盖的要求、各省市区土地利用总体规划及现状生态用地不退化的原则合理确定各分区滨岸缓冲带植被覆盖度。

6.2.2.2 全国水生态功能区分级分类管理要求

(1) 分级管理要求

对水生态功能区实行分级管控，划分生态 I 级区、生态 II 级区、生态 III 级区、生态 IV 级区，对生态 I 级区、生态 II 级区重点实施生态保护，以风险防范和功能保护为主，对生态 III 级区、生态 IV 级区重点实施污染控制和生态修复，以功能恢复和功能改善为主。在四级生态功能区逐步实施差别化的流域产业结构调整与准入政策，淘汰落后生产工艺、设备，加大化工、含电镀工序的电子信息及机械加工企业搬迁入园进度，完善园区外的印染、电镀企业退出机制，定期开展化工、印染、电镀等园区的环境综合整治。在生态 I 级区严禁新建扩建污染物排放的项目，已建项目逐步退出，在生态 II 级区新建、扩建产业开发项目逐步实现污染物排放减二增一，在生态 III 级、IV 级区新建项目实行污染物排放等量或减量置换。

按照"陆地–河滨岸带–水质–水生态"的管控目标体系，分别提出不同类型功能区的水生态健康管控目标和分类管控要求（表6-6）。

表6-6 水生态功能区分级管理目标

水生态等级	水生态健康目标要求			
	优 III 类水体比例	水生态健康指数	林地+湿地面积比例	滨岸缓冲带植被覆盖率
I 级区	>90%	良/优	≥50%	≥80%
II 级区	>85%	良	≥30%	≥70%
III 级区	>75%	一般	≥25%	≥50%
IV 级区	>55%	一般/较差	≥10%	≥30%

(2) 分类管理要求

对水生态功能区实行分类管控，划分风险防范类、功能保护类、功能恢复类、功能改善类四种类型，采取风险防范、保护、控源、治理、修复等多种针对性措施。

风险防范类水生态功能区，遵循"预防为主、防治结合"原则，享有最高的优先保护级别，推行生态红线制度和禁止开发项目准入等严格的保护措施，着力降低资源能源产业开发带来的环境风险，确保不发生重大突然环境事件。

功能保护类水生态功能区，遵循"预防为主、保护优先"原则，重点实施湿地建设、水源涵养、河岸带生态阻隔等水生态保护工程，确保维持良好的水生态健康状态。

功能恢复类水生态功能区，重点实施空间管控、承载力调控、水生态修复等工程，以增容为主要抓手，实现水生态健康的逐步恢复，提升水生态系统功能。

功能改善类水生态功能区，重点实施产业结构优化调整、污染控制与治理、水生态修复等工程，削减污染物的排放，逐步实现水生态健康状况的改善。

6.3 江西省鄱阳湖流域水生态功能区分级分类管理方案

6.3.1 流域概况

6.3.1.1 自然概况

鄱阳湖是中国最大的淡水湖，是与赣江、抚河、信江、饶河和修水五条大河流尾闾相接的似盆地状天然凹地，是长江中下游主要支流之一，也是长江流域的一个过水性、吞吐型、季节性的重要湖泊。鄱阳湖流域位于长江中游南岸，东经 113°35′~118°29′，北纬 24°29′~30°05′，流域总面积为 162 225km²，约占长江流域总面积的 8.97%。其中 157 086km² 位于江西省境内，约占全流域的 96.7%，为江西省土地面积的94%。鄱阳湖水系主要由五大河流汇集，其中赣江、抚河自西南，信江自东南，饶河自东，修水自西北汇注鄱阳湖，再经过湖口入长江。

鄱阳湖流域地势是南高北低、周围环山，北面开口，四周渐次向鄱阳湖倾斜，以鄱阳湖为底部的大盆地。地形以山地和丘陵为主，山地、丘陵约占总面积的78%。属于亚热带湿润季风型气候，年平均气温 16.5~17.8℃，多年平均降水量 1570mm，春季阴湿多雨，4~6月占全年降水量的46%。受地形地貌、地质、水文气候等诸多方面因素的影响，形成的土壤类型主要有红壤、黄壤、水稻土及山地黄棕壤等。分布最为广泛的是红壤，遍布整个流域丘陵岗地和海拔 700~800m 的低山区，其次为黄壤和水稻土。主要植被类型有针叶林、阔叶林、竹林和针阔叶混交林。从植被地区分布上来看，流域区的低山丘陵山顶、山坡上一般分布着以马尾松、台湾松林、杉木林、竹林等为主的森林和次生森林，植被一般较密集，而在河岸、城镇附近植被一般较差，特别是在岩石风化比较强的区域，冲刷较大，水土流失严重，植被大部分受破坏。

6.3.1.2 社会经济概况

鄱阳湖流域内涉及南昌市、景德镇市、萍乡市、九江市、新余市、鹰潭市、赣州市、吉安市、宜春市、抚州市、上饶市 11 个地区，共计包含 100 个行政区。2017 年末，流域内总人口 4622.1 万人，其中城镇人口 2523.6 万人、乡村人口 2098.5 万人，城镇化率达到54.6%。2017 年流域生产总值突破达到 20 006 亿元，其中第一产业占比9.2%、第二产业占比48.1%、第三产业占比42.7%。

6.3.1.3 土地利用概况

江西省鄱阳湖流域土地利用情况如图 6-3 所示，用地类型以林地为主，林地占流域总面积的 60.91%，其次为水田、旱地、水域，分别占流域总面积的 19.59%、7.23%、4.35%；其他类型土地利用占比相对较低。

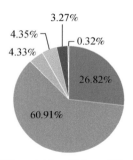

■ 耕地 ■ 林地 ■ 草地 ■ 水域 ■ 城乡、工矿、居民用地 ■ 未利用地

图 6-3　鄱阳湖流域土地利用情况

从 2010 年、2015 年、2018 年土地利用变化情况来看（表 6-7），全流域林地、草地面积呈逐年下降的趋势，其中林地面积较 2010 年下降 1.30%、草地面积较 2010 年下降 16.44%；耕地、水域和城乡、工矿、居民用地呈上升的趋势，其中耕地面积上升 1.80%，水域面积上升 7.72%，城乡、工矿、居民用地上升 35.48%。

表 6-7　2010 年、2015 年、2018 年江西省鄱阳湖流域土地利用变化情况

名称	2010 年	2015 年		2018 年		
	面积 /km²	面积 /km²	比 2010 年变化 /%	面积 /km²	比 2010 年变化 /%	比 2015 年变化 /%
耕地	42 004.60	43 190.78	2.82	42 761.53	1.80	-0.99
林地	98 426.98	97 690.67	-0.75	97 143.62	-1.30	-0.56
草地	8 268.18	7 011.41	-15.20	6 908.90	-16.44	-1.46
水域	6 437.49	6 816.24	5.88	6 934.75	7.72	1.74
城乡、工矿、居民用地	3 852.30	4 115.14	6.82	5 219.27	35.48	26.83
未利用土地	493.81	659.69	33.59	515.53	4.40	-21.85
其他用地	0.23	0	-100.00	0	-100.00	—

6.3.1.4　水环境质量情况

鄱阳湖流域共设置国控水质监测断面 98 个。从 2009~2018 年水质监测结果来看，鄱阳湖流域水质总体较好，DO、COD 各年度均能满足《地表水环境质量标准》（GB 3838—2002）Ⅰ类水质标准，高锰酸盐指数、氨氮和总磷满足《地表水环境质量标准》（GB 3838—2002）Ⅱ类水质标准，除总磷外，各污染物浓度均呈下降趋势。

从湖体来看（图 6-4），鄱阳湖 2013 年以来各年度水质均为Ⅳ类，超标因子主要是总磷，COD 和氨氮均处于Ⅱ类水平。湖区内 COD 浓度较稳定，年际波动不大；氨氮浓度总体呈下降态势，但 2018 年反弹明显，总磷浓度呈逐年增加态势。从超标点位来看，金溪咀刘家、南湖村、南矶山、伍湖分场 4 个点位水体中总磷浓度连续 6 年超过Ⅲ类水质标

准，蚌湖、都昌、老爷庙、蛤蟆石、鄱阳湖出口、梅溪嘴、余干、康山 8 个点位有 5 年超过Ⅲ类水质标准，三山、星子 2 个点位有 4 年超过Ⅲ类水质标准，吴城、白沙洲、莲湖 3 个点位有 3 年超过Ⅲ类水质标准。

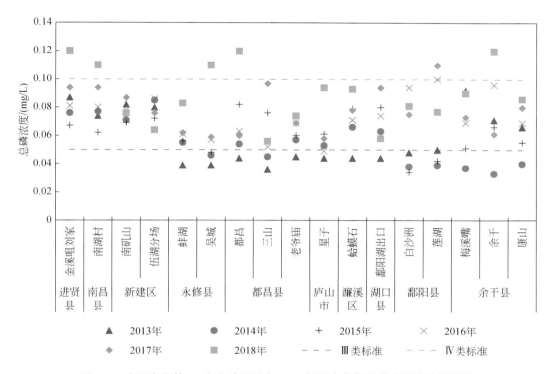

图 6-4　鄱阳湖湖体 17 个水质监测点 2013 年以来各年度总磷平均浓度情况

6.3.2　现有功能区划情况

6.3.2.1　水功能区划

江西省于 2006 年 7 月联合编制了《江西省地表水（环境）功能区划》，江西省鄱阳湖流域水（环境）功能区划范围包括 81 条河流、22 座水库、5 个湖泊，河流总长度 10 872.5km，湖泊总面积 3457km²。

江西省鄱阳湖流域共划分水功能区 579 个，其中一级功能区 360 个（保护区 33 个、保留区 186 个、开发利用区 133 个、缓冲区 8 个）。同时保护区河段长度 787km，保留区河段长度 7037km，开发利用区河段长度 3048.5km，缓冲区河段长度 6989km。

开发利用区主要分布在城镇河段及其支流上的供水水库，少量分布在水上旅游业开发程度较高的非城镇河段和鄱阳湖渔业用水水域。在 133 个开发利用区中，划分出二级功能区 219 个，其中，饮用水源区 107 个、工业用水区 95 个、景观娱乐用水区 9 个、渔业用水区 4 个、过渡区 4 个。

6.3.2.2 生态功能区划

江西省鄱阳湖流域生态功能区划体系分为 5 个生态区、16 个生态亚区和 43 个生态功能区，见表 6-8。

表 6-8 江西省鄱阳湖流域生态功能区划表

生态区	生态亚区	名称
Ⅰ-赣北平原湖泊生态区	Ⅰ-1 鄱阳湖平原北部农田与水域生态亚区	Ⅰ-1-1 鄱阳湖平原西北部水质保护与防洪生态功能区
		Ⅰ-1-2 鄱阳湖平原东北部农业环境与生物多样性保护生态功能区
	Ⅰ-2 鄱阳湖湖泊湿地生态亚区	Ⅰ-2-0 鄱阳湖湖泊湿地生物多样性保护与分蓄洪生态功能区
	Ⅰ-3 鄱阳湖平原南部农田与水域生态亚区	Ⅰ-3-1 南昌市郊生活环境与水质保护生态功能区
		Ⅰ-3-2 赣江抚河下游滨湖平原农业环境保护与分蓄洪生态功能区
		Ⅰ-3-3 赣江下游河谷平原农业环境保护与分蓄洪生态功能区
		Ⅰ-3-4 信江饶河下游滨湖平原农业环境保护与分蓄洪生态功能区
		Ⅰ-3-5 信江饶河下游河谷平原农业环境保护与水土保持生态功能区
		Ⅰ-3-6 抚河中游河谷平原水质保护与水土保持生态功能区
Ⅱ-赣中丘陵盆地生态区	Ⅱ-1 袁水中下游农田与森林生态亚区	Ⅱ-1-0 袁水中下游水质保护与水土保持生态功能区
	Ⅱ-2 崇仁河宜黄水流域森林与农田生态亚区	Ⅱ-2-0 崇仁河宜黄水流域水土保持与农业环境保护生态功能区
	Ⅱ-3 吉泰盆地农田与森林生态亚区	Ⅱ-3-1 吉泰盆地北部农业环境保护与水土保持生态功能区
		Ⅱ-3-2 吉泰盆地西部水源涵养与农业环境生态功能区
		Ⅱ-3-3 吉泰盆地中部农业环境保护与水土保持生态功能区
		Ⅱ-3-4 吉泰盆地东北水土保持与农业环境保护生态功能区
		Ⅱ-3-5 吉泰盆地南部水土保持与农业环境保护生态功能区
Ⅲ-赣南山地丘陵生态区	Ⅲ-1 章水流域森林与农田生态亚区	Ⅲ-1-1 章水上游水源涵养与水质保护生态功能区
		Ⅲ-1-2 章水下游水土保持与水质保护生态功能区
	Ⅲ-2 贡水流域森林与农田生态亚区	Ⅲ-2-1 绵水湘水流域水土保持与水质保护生态功能区
		Ⅲ-2-2 梅江上游与琴江流域水土保持与水质保护生态功能区
		Ⅲ-2-3 贡水中游水土保持与农业环境生态功能区
		Ⅲ-2-4 平江流域水土保持与农业环境生态功能区
		Ⅲ-2-5 桃江上游水源涵养与生物多样性保护生态功能区
		Ⅲ-2-6 桃江中下游水土保持与农业环境保护生态功能区
	Ⅲ-3 东江源森林与农田生态亚区	Ⅲ-3-0 东江源水源涵养与水质保护生态功能区

续表

生态区	生态亚区	名称
IV-赣西山地丘陵生态区	IV-1 修水中上游及长河流域森林与农田生态亚区	IV-1-1 修水上游水源涵养与水质保护生态功能区
		IV-1-2 修水中游水土保持与水质保护生态功能区
		IV-1-3 长河流域水源涵养与农业环境保护生态功能区
		IV-1-4 潦河上游水源涵养与水质保护生态功能区
	IV-2 锦江袁水上游农田与森林生态亚区	IV-2-1 锦江上游水源涵养与水质保护生态功能区
		IV-2-2 袁水上游水质保护与水源涵养生态功能区
	IV-3 栗水萍水草水流域农田与森林生态亚区	IV-3-0 栗水萍水草水流域水源涵养与水质保护生态功能区
	IV-4 禾水蜀水遂川江上游森林与农田生态亚区	IV-4-1 禾水蜀水遂川江上游北部水土保持与水质保护生态功能区
		IV-4-2 禾水蜀水遂川江上游南部水源涵养与生物多样性保护生态功能区
V-赣东丘陵生态区	V-1 饶河上游森林与农田生态亚区	V-1-1 昌江上游水质保护与水源涵养生态功能区
		V-1-2 乐安江上游北部水源涵养与水质保护生态功能区
		V-1-3 乐安江上游南部水质保护与水源涵养生态功能区
	V-2 信江中上游森林与农田生态亚区	V-2-1 信江上游东部水土保持与水质保护生态功能区
		V-2-2 信江上游西部水质保护与水土保持生态功能区
		V-2-3 信江中游东部水土保持与生物多样保护生态功能区
		V-2-4 信江中游西部水质保护与水土保持生态功能区
	V-3 抚河上游森林与农田生态亚区	V-3-1 抚河上游南部水源涵养与水质保护生态功能区
		V-3-2 抚河上游北部水土保持与水质保护生态功能区

水源涵养功能一般地区、比较重要、中等重要和极重要面积分别占 18.4%、18.8%、14.5% 和 48.3%，综合重要性指数 4.85，属于中等重要。

水土保持功能不重要、一般地区、比较重要、中等重要和极重要面积分别占 3.6%、15.8%、12.3%、11.8% 和 56.5%，综合重要性指数 5.07，属于中等重要。

水质保护功能一般地区、比较重要、中等重要和极重要面积分别占 1.3%、6.9%、86.2% 和 5.6%，综合重要性指数 4.92，属于中等重要。

生物多样性保护功能比较重要、中等重要和极重要面积分别占 8.2%、22.2%、69.6%，综合重要性指数 6.23，属于极重要范畴。

农业环境保护功能一般地区、比较重要、中等重要和极重要面积分别占 30.9%、28.4%、30.3% 和 10.4%，综合重要性指数 3.40，属于比较重要范畴。

防洪蓄洪功能重要性。浔阳区、九江市、彭泽县和瑞昌市沿长江地区，其防洪蓄洪在全国具有重要意义；鄱阳湖地区其防洪蓄洪在省内具有重要意义；五大河中、上游及主要支流河谷平原沿河地区，其防洪蓄洪在全国具有重要意义。

生态系统的产品提供功能一般地区、比较重要、中等重要和极重要面积分别占 25.4%、35.9%、37.0% 和 1.7%，综合重要性指数为 3.30，属比较重要范畴。

6.3.2.3　生态保护红线

根据《江西省人民政府关于发布江西省生态保护红线的通知》（赣府发〔2018〕21号），江西省生态保护红线划定面积为 46 876.00km²，占土地面积的 28.06%。江西省生态保护红线基本格局为"一湖五河三屏"，其中"一湖"为鄱阳湖（主要包括鄱阳湖、南矶山等自然保护区），主要生态功能是生物多样性维护；"五河"指赣、抚、信、饶、修五河源头区及重要水域，主要生态功能是水源涵养；"三屏"为赣东北山地森林生态屏障（包括怀玉山、武夷山脉、雩山）、赣西北山地森林生态屏障（包括罗霄山脉、九岭山）和赣南山地森林生态屏障（包括南岭山地、九连山），主要生态功能是生物多样性维护和水源涵养。全省生态保护红线区按主导生态功能分为水源涵养、生物多样性维护和水土保持三大类，共 16 个片区。

（1）水源涵养功能生态保护红线

以水源涵养为主导生态功能的生态保护红线 8 个片区，主要位于重要水源涵养区域或丘陵山区。

赣江上游流域水源涵养生态保护红线涉及赣州市、吉安市两市的部分区域，生态保护红线面积为 2754.78km²，占全省生态保护红线面积比例为 5.88%。主要生态系统类型包括暖性针叶林、常绿阔叶林、落叶阔叶林、针阔混支林等。

赣江中下游流域水源涵养生态保护红线涉及南昌市、萍乡市、新余市、宜春市、吉安市和抚州市 6 市的部分区域，生态保护红线面积为 2108.08km²，占全省生态保护红线面积比例为 4.50%。主要生态系统类型包括暖性针叶林、常绿阔叶林、落叶阔叶林、针阔混支林等。

抚河流域水源涵养生态保护红线涉及南昌市、宜春市和抚州市 3 市的部分区域，生态保护红线面积为 495.92km²，占全省生态保护红线面积比例为 1.06%。主要生态系统类型包括暖性针叶林、常绿阔叶林、落叶阔叶林、针阔混支林等。

信江流域水源涵养生态保护红线涉及鹰潭市、上饶市和抚州市 3 市的部分区域，生态保护红线面积为 463.79km²，占全省生态保护红线面积比例为 0.99%。主要生态系统类型包括暖性针叶林、常绿阔叶林、落叶阔叶林、针阔混交林等。

饶河流域水源涵养生态保护红线涉及景德镇市、上饶市两市的部分区域，生态保护红线面积为 4007.09km²，占全省生态保护红线面积比例为 8.55%。主要生态系统类型包括常绿阔叶林、落叶阔叶林、暖性针叶林、温性针叶林等。

修河流域水源涵养与生物多样性维护生态保护红线涉及九江市、宜春市两市的部分区域，生态保护红线面积为 3938.72km²，占全省生态保护红线面积比例为 8.40%。主要生态系统类型包括常绿阔叶林、落叶阔叶林、暖性针叶林、竹林等。

湘江流域水源涵养生态保护红线涉及九江市、萍乡市和宜春市 3 市的部分区域，生态保护红线面积为 200.71km²，占全省生态保护红线面积比例为 0.43%。主要生态系统类型包括暖性针叶林、常绿阔叶林、落叶阔叶林、针阔混交林等。

直入长江流域水源涵养生态保护红线涉及九江市部分区域，生态保护红线面积为

956.73km²，占全省生态保护红线面积比例为 2.04%。主要生态系统类型包括常绿阔叶林、落叶阔叶林、暖性针叶林、温性针叶林等。

（2） 生物多样性维护功能生态保护红线

以生物多样性维护为主导生态功能的生态保护红线 7 个片区，主要位于省内周边山区、丘陵山区和鄱阳湖区。

怀玉山生物多样性维护与水源涵养生态保护红线涉及景德镇市、鹰潭市和上饶市 3 市的部分区域，生态保护红线面积为 2331.44km²，占全省生态保护红线面积比例为 4.97%。主要生态系统类型包括常绿阔叶林、落叶阔叶林、常绿落叶阔叶混交林、暖性针叶林、温性针叶林、针阔混交林等。

武夷山脉生物多样性维护与水源涵养生态保护红线涉及鹰潭市、赣州市、上饶市和抚州市 4 市的部分区域，生态保护红线面积为 7546.45km²，占全省生态保护红线面积比例为 16.10%。主要生态系统类型包括常绿阔叶林、落叶阔叶林、常绿落叶阔叶混交林、暖性针叶林、温性针叶林、针阔混交林等。

南岭山地生物多样性维护与水源涵养生态保护红线涉及赣州市部分区域，生态保护红线面积为 2730.59km²，占全省生态保护红线面积比例为 5.83%。主要生态系统类型包括常绿阔叶林、落叶阔叶林、常绿落叶阔叶混交林、暖性针叶林、温性针叶林、针阔混交林等。

罗霄山脉生物多样性维护与水源涵养生态保护红线涉及萍乡市、新余市、赣州市、宜春市和吉安市 5 市的部分区域，生态保护红线面积为 5777.38km²，占全省生态保护红线面积比例为 12.32%。主要生态系统类型包括常绿阔叶林、落叶阔叶林、常绿落叶阔叶混交林、暖性针叶林、温性针叶林、针阔混交林等。

九岭山生物多样性维护与水源涵养生态保护红线涉及南昌市、九江市和宜春市 3 市的部分区域，生态保护红线面积为 2711.63km²，占全省生态保护红线面积比例为 5.78%。主要生态系统类型包括常绿阔叶林、落叶阔叶林、暖性针叶林、针阔混交林等。

幕阜山生物多样性维护生态保护红线涉及九江市部分区域，生态保护红线面积为 1301.96km²，占全省生态保护红线面积比例为 2.78%。主要生态系统类型包括常绿阔叶林、落叶阔叶林、暖性针叶林、竹林等。

鄱阳湖区生物多样性维护与洪水调蓄生态保护红线涉及南昌市、九江市和上饶市 3 市的部分区域，生态保护红线面积为 3926.35km²，占全省生态保护红线面积比例为 8.38%。主要生态系统类型以水域的草甸、沼泽及水生植被为主，陆域主要为暖性针叶林、次生常绿阔叶林、次生落叶阔叶林、灌木林一级水田和旱地等。

（3） 水土保持功能生态保护红线

以水土保持为主导生态功能的生态保护红线 1 个片区，主要位于赣中低山丘陵和赣南山地。雩山水土保持与生物多样性维护生态保护红线涉及赣州市、吉安市和抚州市 3 市的部分区域，生态保护红线面积为 5624.38km²，占全省生态保护红线面积比例为 12.00%。主要生态系统类型包括常绿阔叶林、落叶阔叶林、常绿落叶阔叶混交林、暖性针叶林、温性针叶林、针阔混交林等。

6.3.2.4 水产种质资源保护区

截至 2018 年，农业农村部共公布了 11 批国家级水产种质资源保护区名单，江西省鄱阳湖流域内共有 24 个，见表 6-9。

表 6-9　江西省鄱阳湖流域国家级水产种质资源保护区情况　　　　（单位：hm²）

水产种质资源保护区名称	面积	核心区特别保护期	主要保护对象
鄱阳湖鳜鱼翘嘴红鲌国家级水产种质资源保护区	59 520	3 月 20 日～6 月 20 日	鳜、翘嘴红鲌、鲤、鲫、青、草、鲢、鳙、短颌鲚、长颌鲚
桃江刺鲃国家级水产种质资源保护区	1 655	4～9 月	刺鲃
泸溪河大鳍鳠国家级水产种质资源保护区	301	3 月 1 日～10 月 15 日	大鳍鳠
庐山西海鳜国家级水产种质资源保护区	21 800	4～7 月	鳜
抚河鳜鱼国家级水产种质资源保护区	1 500	4 月 15 日～6 月 30 日	鳜
潋水特有鱼类国家级水产种质资源保护区	1 030	2 月 16 日～7 月 31 日	兴国红鲤、鲤、鲫、刺鲃、鲂、黄颡鱼、草鱼、黄鳝、乌鳢、虾虎鱼、吻鮈、鲌类等
萍水河特有鱼类国家级水产种质资源保护区	8 500	3 月 20 日～6 月 30 日	黄尾密鲴
太泊湖彭泽鲫国家级水产种质资源保护区	2 134	3 月 1 日～7 月 31 日	彭泽鲫
万年河特有鱼类国家级水产种质资源保护区	201	3 月 15 日～6 月 20 日	三角帆蚌、褶纹冠蚌、河蚬、黄颡鱼、鲶鱼、鳑鲏鱼等
信江特有鱼类国家级水产种质资源保护区	3 123	4 月 1 日～9 月 30 日	乌龟、中华鳖、翘嘴红鲌、大鳍鳠
袁河上游特有鱼类国家级水产种质资源保护区	3 850	3 月 1 日～10 月 31 日	棘胸蛙
定江河特有鱼类国家级水产种质资源保护区	2 180	4 月 1 日～9 月 30 日	棘胸蛙
上犹江特有鱼类国家级水产种质资源保护区	1 267	4 月 1 日～6 月 30 日	虾虎鱼、鳜和鳊等
赣江峡江段四大家鱼国家级水产种质资源保护区	1 335.8	—	鳜鱼
东江源平胸龟国家级水产种质资源保护区	14 339	4～9 月	平胸龟
琴江细鳞斜颌鲴国家级水产种质资源保护区	1 300	4～9 月	细鳞斜颌鲴

水产种质资源保护区名称	面积	核心区特别保护期	主要保护对象
赣江源斑鳜国家级水产种质资源保护	1 201	4 月 1 日～6 月 30 日	斑鳜、桂林似鮈、鳜、刺鲃、黄颡鱼、带半刺厚唇鱼、四大家鱼等
修水源光倒刺鲃国家级水产种质资源保护区	2 130	4 月 1 日～7 月 15 日	光倒刺鲃、斑鳜、黄颡鱼
德安县博阳河翘嘴鲌黄颡鱼国家级水产种质资源保护区	638	4 月 1 日～7 月 31 日	翘嘴鲌、黄颡鱼
长江八里江段长吻鮠鲶国家级水产种质资源保护区	7 993	4 月 1 日～9 月 30 日	长吻鮠、鲶鱼
富水湖鲌类国家级水产种质资源保护区	7 333	4 月 1 日～9 月 30 日	鲌类
芦溪棘胸蛙国家级水产种质资源保护区	880	4 月 1 日～9 月 30 日	棘胸蛙、虎纹蛙、四眼斑龟、沼蛙和中华大蟾蜍
修河下游三角帆蚌国家级水产种质资源保护区	1 130.35	3 月 20 日～7 月 31 日	乌鳢、鳊、翘嘴鲌、斑鳜及橄榄蛏蚌等
长江江西段四大家鱼国家级水产种质资源保护区	2 724.65	4 月 1 日～9 月 30 日	四大家鱼、长吻鮠、鲶

6.3.2.5　国家级自然保护区和湿地

（1）国家级自然保护区

江西省鄱阳湖流域内国家自然保护区有 15 个，见表 6-10。

表 6-10　江西省鄱阳湖流域内国家级自然保护区情况　　　　　（单位：km^2）

名称	面积	主要保护对象
江西鄱阳湖南矶湿地国家级自然保护区	333	赣江入湖口湿地生态系统
江西庐山国家级自然保护区	304.93	亚热带森林生态系统及自然历史遗迹
江西鄱阳湖候鸟国家级自然保护区	224	珍稀、濒危鸟类的越冬地
江西桃红岭梅花鹿国家级自然保护区	12 500	野生梅花鹿南方亚种及其栖息地
江西阳际峰国家级自然保护区	109.46	南方红豆杉、伯乐树等重点保护野生植物，中华秋沙鸭、黑麂等重点保护动物
江西齐云山国家级自然保护区	171.05	长苞铁杉、福建柏、五列木等
江西九连山国家级自然保护区	134.116	典型的亚热带常绿阔叶林生态系统和丰富的生物多样性
江西赣江源国家级自然保护区	161.0085	中亚热带常绿阔叶林森林生态系统
江西南风面国家级自然保护区	105.88	典型中亚热带山地常绿阔叶林森林生态系统、我国中部候鸟迁徙通道、珍稀濒危和国家重点保护野生动植物及其栖息地、鄱阳湖流域重要水源涵养林

名称	面积	主要保护对象
江西井冈山国家级自然保护区	158.73	中亚热带湿润常绿阔叶林生态系统及其生物多样性
江西官山国家级自然保护区	115.005	亚热带常绿阔叶林森林生态系统
江西九岭山国家级自然保护区	115.41	中亚热带低海拔区域的典型原生性常绿阔叶林、丘陵河流湿地生态系统和珍稀野生动植物
江西马头山国家级自然保护区	138.6653	原生性较强的天然常绿阔叶林及其生物多样性
江西铜钹山国家级自然保护区	320	中亚热带北缘常绿阔叶林森林生态系统和黑麂、黄腹角雉、南方红豆杉等珍稀濒危物种
江西武夷山国家级自然保护区	160.07	亚热带常绿阔叶林及其森林生态系统
江西婺源森林鸟类国家级自然保护区	129.927	蓝冠噪鹛、白腿小隼、中华秋沙鸭、白颈长尾雉、黄腹角雉、鸳鸯等珍稀鸟类种群及其栖息地

（2）国家级湿地公园

江西省鄱阳湖流域内国家级湿地公园有 33 处，见表 6-11。

表 6-11　江西省鄱阳湖流域内国家级重要湿地公园名录　（单位：km²）

序号	名称	面积
1	江西鄱阳湖国家湿地公园	351.16
2	江西庐山西海风景名胜区	680.00
3	江西三清山信江源国家湿地公园	10.53
4	江西婺源饶河源国家湿地公园	3.21
5	江西东江源国家湿地公园	5.47
6	江西万安湖国家湿地公园	20.53
7	江西全南桃江国家湿地公园	8.99
8	江西大余章水国家湿地公园	14.68
9	江西崇义阳明湖国家湿地公园	21.23
10	江西莲花莲江国家湿地公园	7.55
11	江西资溪九龙湖国家湿地公园	3.67
12	江西横峰岑港河国家湿地公园	3.30
13	江西高安锦江国家湿地公园	26.00
14	江西石城赣江源国家湿地公园	12.55
15	江西寻乌东江源国家湿地公园	15.47
16	江西芦溪山口岩国家湿地公园	10.43
17	江西庐陵赣江国家湿地公园	7.77
18	江西遂川五斗江国家湿地公园	8.97
19	江西鹰潭信江国家湿地公园	16.99
20	江西宁都梅江国家湿地公园	44.71
21	江西景德镇玉田湖国家湿地公园	3.88

续表

序号	名称	面积
22	江西南城洪门湖国家湿地公园	42.09
23	江西会昌湘江国家湿地公园	10.39
24	江西上犹南湖国家湿地公园	7.53
25	江西万年珠溪国家湿地公园	10.60
26	江西赣州章江国家湿地公园	10.55
27	江西赣县大湖江国家湿地公园	66.55
28	江西潋江国家湿地公园	35.77
29	江西修河源国家湿地公园	43.42
30	江西南丰傩湖国家湿地公园	17.27
31	江西丰城药湖国家湿地公园	25.74
32	江西修河国家湿地公园	45.57
33	江西孔目江国家湿地公园	11.25

6.3.3 江西省鄱阳湖流域水生态功能分区分级分类

6.3.3.1 江西省鄱阳湖流域水生态功能分区

在全国水生态功能五级分区尺度上，江西省鄱阳湖流域共涉及 45 个水生态功能分区，见表 6-12。水源涵养功能区 26 个，重要水生生物生境保护功能区 11 个，重要生态系统类型保护功能区 3 个，城市生活支撑功能区 2 个，农业生产支撑功能区 3 个。

表 6-12 江西省鄱阳湖流域水生态功能分区结果

分区名称	主导功能
九江市修水丘陵水源涵养功能区	水源涵养
九江市修水丘陵重要水生生物生境保护功能区	重要水生生物生境保护
九江市武宁水丘陵重要水生生物生境保护功能区	重要水生生物生境保护
宜春市南潦河丘陵水源涵养功能区	水源涵养
宜春市潦河丘陵水源涵养功能区	水源涵养
九江市博阳河丘陵重要生态系统类型保护功能区	重要生态系统类型保护
九江市长江丘陵平原重要水生生物生境保护功能区	重要水生生物生境保护
九江市鄱阳湖入江水道平原丘陵农业生产支撑功能区	农业生产支撑
九江市侯港平原重要生态系统类型保护功能区	重要生态系统类型保护
上饶市信江丘陵平原水源涵养功能区	水源涵养
抚州市盱江丘陵城市重要水生生物生境保护功能区	重要水生生物生境保护
鹰潭市白塔河丘陵重要生态系统类型保护功能区	重要生态系统类型保护
鹰潭市信江丘陵水源涵养功能区	水源涵养

续表

分区名称	主导功能
上饶市信江丘陵水源涵养功能区	水源涵养
上饶市铅山河丘陵水源涵养功能区	水源涵养
上饶市饶河平原丘陵水源涵养功能区	水源涵养
宜春市东干渠山地丘陵水源涵养功能区	水源涵养
南昌市抚河下游山地丘陵水源涵养功能区	水源涵养
上饶市信江山地丘陵重要水生生物生境保护功能区	重要水生生物生境保护
南昌市抚河尾闾平原农业生产支撑功能区	农业生产支撑
上饶市昌江山地丘陵水源涵养功能区	水源涵养
上饶市乐安河山地丘陵农业生产支撑功能区	农业生产支撑
抚州市宜黄水丘陵水源涵养功能区	水源涵养
抚州市盱江丘陵水源涵养功能区	水源涵养
上饶市乐安河丘陵水源涵养功能区	水源涵养
上饶市葛溪丘陵水源涵养功能区	水源涵养
景德镇市乐安河丘陵水源涵养功能区	水源涵养
上饶市洎水丘陵水源涵养功能区	水源涵养
景德镇市昌江丘陵重要水生生物生境保护功能区	重要水生生物生境保护
景德镇市磻溪河丘陵水源涵养功能区	水源涵养功能
赣州市赣江山地丘陵城市生活支撑功能区	城市生活支撑
赣州市章水山地重要水生生物生境保护功能区	重要水生生物生境保护
赣州市桃江山地丘陵水源涵养功能区	水源涵养
赣州市贡水山地丘陵水源涵养功能区	水源涵养
吉安市遂川江丘陵平原水源涵养功能区	水源涵养
吉安市禾水丘陵平原水源涵养功能区	水源涵养
吉安市赣江平原水源涵养功能区	水源涵养
赣州市梅江山地丘陵重要水生生物生境保护功能区	重要水生生物生境保护
吉安市恩江丘陵平原水源涵养功能区	水源涵养
赣州市平江山地丘陵重要水生生物生境保护功能区	重要水生生物生境保护
南昌市赣江平原城市生活支撑功能区	城市生活支撑
宜春市锦江丘陵平原重要水生生物生境保护功能区	重要水生生物生境保护
新余市袁河丘陵平原重要水生生物生境保护功能区	重要水生生物生境保护
宜春市袁河丘陵平原水源涵养功能区	水源涵养
宜春市袁河山地水源涵养功能区	水源涵养

6.3.3.2　江西省鄱阳湖流域水生态健康评价

江西省环境保护科学研究院、中国环境科学研究院等单位于 2012 年、2013 年、2019 年开展了江西省鄱阳湖流域水生态调查，水生态调查指标涵盖水质、水生生物和物理生境，共计 239 个点位。

参考《中国重点流域水生态系统健康评价》提出的水生态健康评价方法，结合江西省鄱阳湖流域水生态调查结果，确定鄱阳湖流域的水生态健康评价指标体系。其中水体化学指标包括基本水体理化指标和营养盐指标，水生生物指标包括藻类指标和底栖动物指标。

（1）基本水体理化评价结果

江西省鄱阳湖流域基本水体理化指标分级评价的结果显示，基本水体理化指标平均得分为0.79，其中优秀及良好的比例分别占59.19%、29.60%，约为样点总数的88.79%，一般的比例占11.21%，无较差和差点位。通过基本水体理化分级评价，鄱阳湖水生态健康呈优秀及良好状态。各基本水体理化指标的评价结果见图6-5，其中，DO平均得分为0.67，其中优秀和良好的比例分别占52.68%和19.02%，一般、较差、差的比例分别占14.63%、7.80%、5.85%；EC平均得分为0.76，其中优秀和良好的比例分别占24.66%、75.34%，无一般、较差和差的点位；COD_{Mn}平均得分为0.93，其中优秀和良好的比例分别占96.41%、2.24%，一般的比例占1.35%，无较差和差的点位。

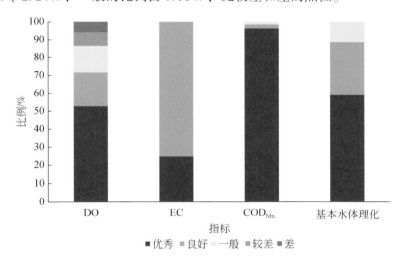

图6-5 江西省鄱阳湖流域基本水体理化评价等级比例

（2）营养盐评价结果

江西省鄱阳湖流域营养盐分级评价的结果显示，营养盐指标平均得分为0.73，其中优秀及良好的比例分别占43.05%、34.53%，约为样点总数的77.58%，一般、较差的比例分别占17.94%、4.48%，无差点位。通过营养盐分级评价，鄱阳湖水生态健康呈优秀及良好状态。各营养盐指标的评价结果见图6-6，其中，TN平均得分为0.47，其中优秀、良好的比例分别占25.71%和28.01%，一般、较差、差的比例分别占24.00%、13.71%、8.57%；TP平均得分为0.85，其中优秀和良好的比例分别占86.26%、10.90%，一般、较差的比例分别占2.37%、0.47%，无极差的点位；NH_3-N平均得分为0.88，其中优秀和良好的比例分别占85.97%、8.60%，一般、较差和差的比例分别占2.26%、2.26%、0.91%。

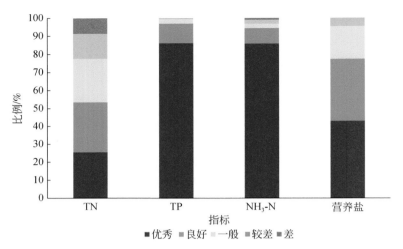

图 6-6 江西省鄱阳湖流域营养盐评价等级比例

（3）藻类评价结果

江西省鄱阳湖流域藻类分级评价的结果显示，藻类指标平均得分为 0.38，处于较差级别，其中优秀及良好的比例分别占 25.00%、5.39%，一般、较差、差的比例分别占 8.82%、47.06%、13.73%。各藻类指标的评价结果见图 6-7，其中，分类单元数平均得分为 0.30，其中优秀、良好的比例分别占 29.02% 和 4.14%，一般、较差、差的比例分别占 3.62%、31.61%、31.61%；Shannon-Wiener 多样性指数平均得分为 0.36，其中优秀和良好的比例分别占 24.87%、6.22%，一般、较差、差的比例分别占 17.62%、27.46%、23.83%；Margalef 丰富度指数平均得分为 0.33，其中优秀和良好的比例分别占 31.61%、3.11%，一般、较差和差的比例分别占 5.17%、29.02%、31.09%；Pielou 均匀度指数平均得分为 0.53，其中优秀和良好的比例分别占 34.20%、17.62%，一般、较差和差的比例分别占 21.75%、17.10%、9.33%。

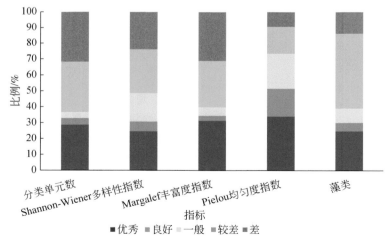

图 6-7 江西省鄱阳湖流域藻类评价等级比例

（4）底栖动物评价结果

江西省鄱阳湖流域底栖动物分级评价的结果显示，底栖动物指标平均得分为0.32，其中优秀及良好的比例分别占0.64%、10.18%，一般、较差、差的比例分别占25.48%、33.76%、29.94%。通过底栖动物分级评价，鄱阳湖流域底栖动物生物多样性低、清洁指示种少，评价结果整体较差，水生态健康整体状态不容乐观。各底栖动物指标的评价结果见图6-8，其中，分类单元数平均得分为0.31，其中优秀及良好的比例分别占4.86%、6.94%，一般、较差、差的比例分别占31.25%、22.23%、34.72%；伯杰-帕克优势度指数平均得分为0.51，其中优秀及良好的比例分别占26.71%、26.71%，一般、较差的比例分别占15.76%、21.23%、9.59%；EPTr-F指数平均得分为0.13，其中优秀及良好的比例占18.42%、23.68%，一般、较差和差的比例分别占18.42%、36.84%、2.64%；BMWP指数平均得分为0.31，其中优秀及良好的比例分别占5.81%、7.74%，一般、较差和差的比例分别占19.35%、29.04%、38.06%。

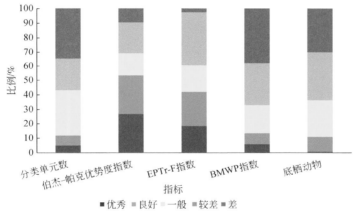

图6-8 江西省鄱阳湖流域底栖动物评价等级比例

（5）综合评价结果

江西省鄱阳湖流域综合分级评价的结果显示，综合指标平均得分为0.54，其中优秀及良好的比例分别占0.53%、26.98%，一般、较差的比例分别占61.38%、11.11%，无差点位。各综合指标的评价结果见图6-9，其中，基本水体理化平均得分为0.79，其中优秀及良好的比例分别为58.73%、31.22%，一般的比例占10.05%，无较差和差点位；营养盐平均得分为0.73，其中优秀和良好的比例分别占42.33%、33.33%，一般、较差的比例分别占19.05%、5.29%，无差点位；藻类平均得分为0.46，其中优秀和良好的比例分别占24.16%、3.36%，一般、较差和差的比例分别占11.24%、46.63%、14.61%；大型底栖动物平均得分为0.32，其中优秀和良好的比例分别占0.70%、9.79%，一般、较差和差的比例分别占26.57%、33.57%、29.37%。

从江西省鄱阳湖流域45个水生态功能区来看（图6-10），水生态健康状态为良好的功能区6个，水生态健康状态为一般的功能区37个，水生态健康状态较差的功能区2个、无优秀和差的功能区。

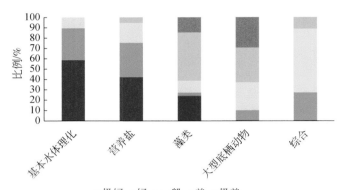

图 6-9　江西省鄱阳湖流域点位综合评价结果

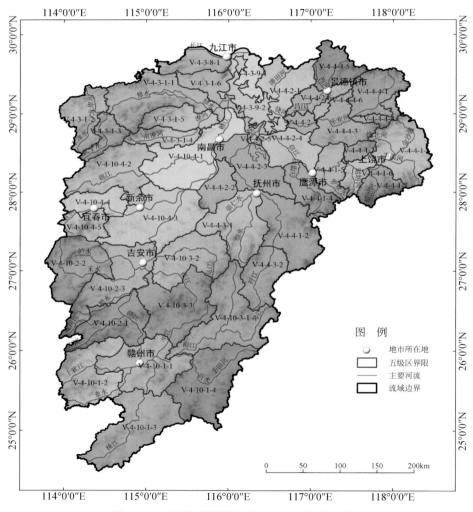

图 6-10　江西省鄱阳湖流域水生态功能分区结果

6.3.3.3 江西省鄱阳湖流域水生态功能分级分类

根据6.3节确定的水生态功能区分级分类方法，按照水生态健康等级划分，江西省鄱阳湖流域包括生态Ⅰ级区6个、生态Ⅱ级区23个、生态Ⅲ级区14个、生态Ⅳ级区2个；按照水生态健康管控类型划分，包括风险防范类功能区5个、功能保护类功能区4个、功能恢复类功能区30个、功能改善类功能区6个（表6-13）。

表6-13 江西省鄱阳湖流域水生态功能分级分类结果

分区名称	生态等级	功能区分类
九江市修水丘陵水源涵养功能区	Ⅱ	功能改善类
九江市修水丘陵重要水生生物生境保护功能区	Ⅱ	风险防范类
九江市武宁水丘陵重要水生生物生境保护功能区	Ⅰ	功能恢复类
宜春市南潦河丘陵水源涵养功能区	Ⅲ	功能恢复类
宜春市潦河丘陵水源涵养功能区	Ⅱ	功能保护类
九江市博阳河丘陵重要生态系统类型保护功能区	Ⅱ	风险防范类
九江市长江丘陵平原重要水生生物生境保护功能区	Ⅱ	功能恢复类
九江市鄱阳湖入江水道平原丘陵农业生产支撑功能区	Ⅳ	功能保护类
九江市侯港平原重要生态系统类型保护功能区	Ⅲ	功能恢复类
上饶市信江丘陵平原水源涵养功能区	Ⅲ	功能恢复类
抚州市盱江丘陵城市重要水生生物生境保护功能区	Ⅱ	功能保护类
鹰潭市白塔河丘陵重要生态系统类型保护功能区	Ⅰ	功能恢复类
鹰潭市信江丘陵水源涵养功能区	Ⅱ	功能恢复类
上饶市信江丘陵水源涵养功能区	Ⅱ	功能恢复类
上饶市铅山河丘陵水源涵养功能区	Ⅲ	功能恢复类
上饶市饶河平原丘陵水源涵养功能区	Ⅲ	功能恢复类
宜春市东干渠山地丘陵水源涵养功能区	Ⅲ	功能恢复类
南昌市抚河下游山地丘陵水源涵养功能区	Ⅱ	功能恢复类
上饶市信江山地丘陵重要水生生物生境保护功能区	Ⅱ	功能改善类
南昌市抚河尾闾平原农业生产支撑功能区	Ⅳ	功能恢复类
上饶市乐安河山地丘陵农业生产支撑功能区	Ⅲ	功能改善类
抚州市宜黄水丘陵水源涵养功能区	Ⅲ	功能恢复类
抚州市盱江丘陵水源涵养功能区	Ⅱ	功能恢复类
上饶市乐安河丘陵水源涵养功能区	Ⅲ	功能恢复类
上饶市葛溪丘陵水源涵养功能区	Ⅲ	功能恢复类
景德镇市乐安河丘陵水源涵养功能区	Ⅱ	功能恢复类
上饶市泊水丘陵水源涵养功能区	Ⅰ	功能恢复类

续表

分区名称	生态等级	功能区分类
景德镇市昌江丘陵重要水生生物生境保护功能区	II	功能恢复类
景德镇市磻溪河丘陵水源涵养功能区	II	功能恢复类
赣州市赣江山地丘陵城市生活支撑功能区	III	功能保护类
赣州市章水山地重要水生生物生境保护功能区	II	功能恢复类
赣州市桃江山地丘陵水源涵养功能区	II	功能恢复类
赣州市贡水山地丘陵水源涵养功能区	II	风险防范类
吉安市遂川江丘陵平原水源涵养功能区	II	功能恢复类
吉安市禾水丘陵平原水源涵养功能区	II	功能恢复类
吉安市赣江平原水源涵养功能区	II	功能恢复类
赣州市梅江山地丘陵重要水生生物生境保护功能区	I	风险防范类
吉安市恩江丘陵平原水源涵养功能区	II	功能恢复类
赣州市平江山地丘陵重要水生生物生境保护功能区	II	功能恢复类
南昌市赣江平原城市生活支撑功能区	III	功能改善类
宜春市锦江丘陵平原重要水生生物生境保护功能区	I	功能恢复类
新余市袁河丘陵平原重要水生生物生境保护功能区	I	风险防范类
宜春市袁河丘陵平原水源涵养功能区	III	功能恢复类
宜春市袁河山地水源涵养功能区	III	功能改善类

6.3.4 江西省鄱阳湖流域水生态功能区目标制定

（1）水环境质量目标

根据江西省 2018 年、2019 年国控断面水环境质量监测数据，将国控断面水环境监测评价结果汇总至分析，统计每个分区内优III类水体所占的比例并作为功能区的水质现状比例。

水质目标值的确定基于水质现状、"水十条"、《江西省地表水（环境）功能区划》确定的地表水环境质量目标和水质提升的需求，确定国控和省控断面的水质目标，统计至每个分区。依据水生态环境功能分区的分级差异，I级、II级分区从严要求，III级分区维持现状，IV级分区适度放宽的原则，涉及饮用水源地、重要生态保护红线、重要生境区严格考量的原则，严于国家流域考核目标的原则，对8个国控断面水质目标进行了调整，45个水生态功能区水质达标率和优III类水质比例均达到100%。

（2）水生态健康目标

水生态健康近期目标根据现状的等级水平，结合主导功能的较低功能水平确定，同时考虑管理目标提升的可达性；远期目标则需要达到潜在水生态健康等级。

江西省鄱阳湖流域45个水生态功能五级分区的水生态健康近期和远期目标见表6-14。

| 162 |

表 6-14　江西省鄱阳湖流域各分区水生态健康目标

分区名称	水生态健康现状等级	水生态健康近期目标	水生态健康远期目标
九江市修水丘陵水源涵养功能区	中	良	II
九江市修水丘陵重要水生生物生境保护功能区	中	良	II
九江市武宁水丘陵重要水生生物生境保护功能区	中	良	I
宜春市南潦河丘陵水源涵养功能区	较差	良	III
宜春市潦河丘陵水源涵养功能区	良	良	II
九江市博阳河丘陵重要生态系统类型保护功能区	中	良	II
九江市长江丘陵平原重要水生生物生境保护功能区	中	良	II
九江市鄱阳湖入江水道平原丘陵农业生产支撑功能区	良	良	IV
九江市侯港平原重要生态系统类型保护功能区	中	良	III
上饶市信江丘陵平原水源涵养功能区	中	良	III
抚州市盱江丘陵城市重要水生生物生境保护功能区	良	良	II
鹰潭市白塔河丘陵重要生态系统类型保护功能区	中	良	I
鹰潭市信江丘陵水源涵养功能区	中	良	II
上饶市信江丘陵水源涵养功能区	中	良	II
上饶市铅山河丘陵水源涵养功能区	中	良	III
上饶市饶河平原丘陵水源涵养功能区	中	中	III
宜春市东干渠山地丘陵水源涵养功能区	较差	中	III
南昌市抚河下游山地丘陵水源涵养功能区	中	良	II
上饶市信江山地丘陵重要水生生物生境保护功能区	中	中	II
南昌市抚河尾闾平原农业生产支撑功能区	中	良	IV
上饶市昌江山地丘陵水源涵养功能区	中	良	II
上饶市乐安河山地丘陵农业生产支撑功能区	中	良	III
抚州市宜黄水丘陵水源涵养功能区	中	良	III
抚州市盱江丘陵水源涵养功能区	良	优	II
上饶市乐安河丘陵水源涵养功能区	中	良	III
上饶市葛溪丘陵水源涵养功能区	中	优	III
景德镇市乐安河丘陵水源涵养功能区	中	良	II
上饶市泊水丘陵水源涵养功能区	中	优	I
景德镇市昌江丘陵重要水生生物生境保护功能区	良	良	II
景德镇市磻溪河丘陵水源涵养功能区	中	中	II
赣州市赣江山地丘陵城市生活支撑功能区	良	良	III
赣州市章水山地重要水生生物生境保护功能区	中	良	II
赣州市桃江山地丘陵水源涵养功能区	中	良	II

分区名称	水生态健康现状等级	水生态健康近期目标	水生态健康远期目标
赣州市贡水山地丘陵水源涵养功能区	良	优	II
吉安市遂川江丘陵平原水源涵养功能区	中	良	II
吉安市禾水丘陵平原水源涵养功能区	中	良	II
吉安市赣江平原水源涵养功能区	中	良	II
赣州市梅江山地丘陵重要水生生物生境保护功能区	良	良	I
吉安市恩江丘陵平原水源涵养功能区	中	良	II
赣州市平江山地丘陵重要水生生物生境保护功能区	中	优	II
南昌市赣江平原城市生活支撑功能区	中	中	III
宜春市锦江丘陵平原重要水生生物生境保护功能区	中	中	I
新余市袁河丘陵平原重要水生生物生境保护功能区	中	中	I
宜春市袁河丘陵平原水源涵养功能区	中	优	III
宜春市袁河山地水源涵养功能区	中	良	III

（3）生态红线管控目标

根据江西省 2018 年颁布的《江西省生态保护红线划定方案》，将生态保护红线汇总至分区并作为各分区生态保护红线管控目标（表6-15）。生态保护红线原则上按禁止开发区域的要求进行管理，未经批准同意，不得开展不符合主体功能定位的各类开发活动，不得任意改变用途。相关规划要做到与生态保护红线相衔接，并符合生态保护红线空间管控要求，不符合的要及时进行调整。

表6-15　江西省鄱阳湖流域生态保护红线管控目标

水生态功能区名称	生态红线面积/km²	生态红线面积比例/%
九江市修水丘陵水源涵养功能区	2497.11	43.47
九江市修水丘陵重要水生生物生境保护功能区	1466.03	51.03
九江市武宁水丘陵重要水生生物生境保护功能区	704.50	39.52
宜春市南潦河丘陵水源涵养功能区	553.75	28.19
宜春市潦河丘陵水源涵养功能区	917.06	37.84
九江市博阳河丘陵重要生态系统类型保护功能区	660.68	30.20
九江市长江丘陵平原重要水生生物生境保护功能区	355.43	14.54
九江市鄱阳湖入江水道平原丘陵农业生产支撑功能区	280.43	16.22
九江市侯港平原重要生态系统类型保护功能区	1421.55	65.07
上饶市信江丘陵平原水源涵养功能区	1045.56	18.94
抚州市盱江丘陵城市重要水生生物生境保护功能区	1230.91	22.89
鹰潭市白塔河丘陵重要生态系统类型保护功能区	758.53	29.24

续表

水生态功能区名称	生态红线面积/km²	生态红线面积比例/%
鹰潭市信江丘陵水源涵养功能区	375.54	17.01
上饶市信江丘陵水源涵养功能区	175.36	12.87
上饶市铅山河丘陵水源涵养功能区	661.36	34.47
上饶市饶河平原丘陵水源涵养功能区	1194.65	33.29
宜春市东干渠山地丘陵水源涵养功能区	116.70	5.76
南昌市抚河下游山地丘陵水源涵养功能区	334.82	7.49
上饶市信江山地丘陵重要水生生物生境保护功能区	187.85	6.17
南昌市抚河尾闾平原农业生产支撑功能区	306.42	47.92
上饶市昌江山地丘陵水源涵养功能区	127.91	10.80
上饶市乐安河山地丘陵农业生产支撑功能区	6.21	0.72
抚州市宜黄水丘陵水源涵养功能区	969.84	18.77
抚州市盱江丘陵水源涵养功能区	1485.63	44.17
上饶市乐安河丘陵水源涵养功能区	1377.43	42.22
上饶市葛溪丘陵水源涵养功能区	218.09	26.18
景德镇市乐安河丘陵水源涵养功能区	865.80	25.97
上饶市泊水丘陵水源涵养功能区	283.47	23.33
景德镇市昌江丘陵重要水生生物生境保护功能区	1282.03	52.99
景德镇市磻溪河丘陵水源涵养功能区	221.99	26.58
赣州市赣江山地丘陵城市生活支撑功能区	1137.08	19.90
赣州市章水山地重要水生生物生境保护功能区	1803.94	34.42
赣州市桃江山地丘陵水源涵养功能区	1515.41	21.48
赣州市贡水山地丘陵水源涵养功能区	2007.52	28.82
吉安市遂川江丘陵平原水源涵养功能区	1140.04	25.17
吉安市禾水丘陵平原水源涵养功能区	1053.28	21.54
吉安市赣江平原水源涵养功能区	941.75	16.22
赣州市梅江山地丘陵重要水生生物生境保护功能区	2303.41	31.67
吉安市恩江丘陵平原水源涵养功能区	734.14	14.82
赣州市平江山地丘陵重要水生生物生境保护功能区	1587.08	25.11
南昌市赣江平原城市生活支撑功能区	434.70	6.81
宜春市锦江丘陵平原重要水生生物生境保护功能区	1020.08	18.92
新余市袁河丘陵平原重要水生生物生境保护功能区	502.34	6.92
宜春市袁河丘陵平原水源涵养功能区	107.25	4.76
宜春市袁河山地水源涵养功能区	622.95	33.00

（4）生态用地管控目标

土地利用主要为湿地、林地等生态用地管控，基于 2018 年 30m 分辨率土地利用栅格数据对土地利用现状进行解译，统计各用地用地现状情况后汇总至分区。根据《江西省空间规划（2016—2030）》、江西省及各市土地利用规划、江西省林业发展规划等文件，按照确保现状生态用地不退化的原则，确定各分区林地、湿地等生态用地管控目标（表6-16）。

表6-16　江西省鄱阳湖流域生态用地管控目标　　（单位:%）

水生态功能区名称	现状	管控目标
九江市修水丘陵水源涵养功能区	74.09	78.57
九江市修水丘陵重要水生生物生境保护功能区	84.18	90.21
九江市武宁水丘陵重要水生生物生境保护功能区	84.08	85.55
宜春市南潦河丘陵水源涵养功能区	61.22	63.68
宜春市潦河丘陵水源涵养功能区	65.80	73.49
九江市博阳河丘陵重要生态系统类型保护功能区	54.10	54.10
九江市长江丘陵平原重要水生生物生境保护功能区	40.89	41.51
九江市鄱阳湖入江水道平原丘陵农业生产支撑功能区	36.74	59.05
九江市候港平原重要生态系统类型保护功能区	76.21	76.21
上饶市信江丘陵平原水源涵养功能区	58.99	61.10
抚州市盱江丘陵城市重要水生生物生境保护功能区	74.02	74.02
鹰潭市白塔河丘陵重要生态系统类型保护功能区	67.86	67.86
鹰潭市信江丘陵水源涵养功能区	61.31	66.06
上饶市信江丘陵水源涵养功能区	69.95	74.20
上饶市铅山河丘陵水源涵养功能区	82.73	82.73
上饶市饶河平原丘陵水源涵养功能区	55.66	83.70
宜春市东干渠山地丘陵水源涵养功能区	44.94	44.94
南昌市抚河下游山地丘陵水源涵养功能区	35.31	41.87
上饶市信江山地丘陵重要水生生物生境保护功能区	43.97	47.39
南昌市抚河尾闾平原农业生产支撑功能区	45.67	45.67
上饶市昌江山地丘陵水源涵养功能区	47.17	59.50
上饶市乐安河山地丘陵农业生产支撑功能区	27.26	70.65
抚州市宜黄水丘陵水源涵养功能区	67.36	69.91
抚州市盱江丘陵水源涵养功能区	76.27	76.27
上饶市乐安河丘陵水源涵养功能区	82.76	87.00
上饶市葛溪丘陵水源涵养功能区	69.31	69.31
景德镇市乐安河丘陵水源涵养功能区	64.88	96.65
上饶市泊水丘陵水源涵养功能区	64.32	64.32
景德镇市昌江丘陵重要水生生物生境保护功能区	87.45	87.45

续表

水生态功能区名称	现状	管控目标
景德镇市磻溪河丘陵水源涵养功能区	65.72	78.85
赣州市赣江山地丘陵城市生活支撑功能区	58.99	59.02
赣州市章水山地重要水生生物生境保护功能区	68.67	81.45
赣州市桃江山地丘陵水源涵养功能区	74.72	74.72
赣州市贡水山地丘陵水源涵养功能区	75.70	96.10
吉安市遂川江丘陵平原水源涵养功能区	74.23	74.23
吉安市禾水丘陵平原水源涵养功能区	66.27	66.27
吉安市赣江平原水源涵养功能区	67.43	67.43
赣州市梅江山地丘陵重要水生生物生境保护功能区	59.91	59.91
吉安市恩江丘陵平原水源涵养功能区	68.59	68.59
赣州市平江山地丘陵重要水生生物生境保护功能区	68.09	68.09
南昌市赣江平原城市生活支撑功能区	76.40	76.40
宜春市锦江丘陵平原重要水生生物生境保护功能区	34.63	49.81
新余市袁河丘陵平原重要水生生物生境保护功能区	66.61	66.61
宜春市袁河丘陵平原水源涵养功能区	52.58	52.58
宜春市袁河山地水源涵养功能区	63.75	96.15
九江市修水丘陵水源涵养功能区	74.15	78.57

（5）河岸缓冲带植被覆盖度管控目标

根据《湖泊流域入湖河流河道生态修复技术指南》、国内外前期研究资料和地方管理实践经验，确定滨湖区以湖体水面边界外 500m 划定为缓冲带范围，河流以水域边界 150m 划定为缓冲带范围。基于 2018 年 30m 分辨率土地利用栅格数据和 ArcGIS 平台，提取滨岸 500m、干流和一级支流水域边界外 150m 内的植被覆盖情况，统计后汇总至各分区并作为河岸缓冲带现状植被覆盖情况。根据不同生态等级对滨岸缓冲带植被覆盖度的要求及生态不退化的原则，确定各分区管控目标（表6-17）。

表 6-17　滨岸缓冲的植被覆盖度管控目标　（单位:%）

水生态功能区名称	滨岸缓冲带植被覆盖比例现状	滨岸缓冲带植被覆盖比例目标
九江市修水丘陵重要水生生境维持功能区	58.20	>80
九江市修水丘陵水源涵养与水文调节功能区	73.05	>80
九江市武宁水丘陵水源涵养与水文调节功能区	84.07	>85
宜春市南潦河丘陵水源涵养与水文调节功能区	41.76	>50
宜春市潦河丘陵水源涵养与水文调节功能区	46.30	>70
九江市博阳河丘陵重要水生生境维持功能区	26.89	>30

水生态功能区名称	滨岸缓冲带植被覆盖比例现状	滨岸缓冲带植被覆盖比例目标
九江市长江丘陵重要生态资产保护功能区	32.22	>70
九江市鄱阳湖入江水道平原丘陵农业生产支撑功能区	28.16	>30
九江市侯港平原重要生态资产保护功能区	65.23	>70
上饶市信江丘陵平原水源涵养与水文调节功能	66.00	>70
抚州市旴江丘陵水源涵养与水文调节功能	47.54	>70
抚州市泸溪丘陵水源涵养与水文调节功能	46.06	>56
鹰潭市白塔河丘陵水源涵养与水文调节功能	67.27	>70
鹰潭市信江丘陵水源涵养与水文调节功能	61.01	>63
上饶市信江丘陵水源涵养与水文调节功能	23.43	>50
上饶市铅山河丘陵水源涵养与水文调节功能	38.23	>50
上饶市饶河平原丘陵水源涵养与水文调节功能	20.56	>50
宜春市东干渠山地丘陵水源涵养与水文调节功能	26.49	>50
南昌市抚河下游山地丘陵水源涵养与水文调节功能	10.39	>50
上饶市信江山地丘陵水源涵养与水文调节功能	33.71	>35
南昌市抚河尾闾平原农业生产支撑功能区	28.77	>30
上饶市昌江山地丘陵农业生产支撑功能区	61.64	>70
上饶市乐安河山地丘陵水源涵养与水文调节功能区	61.93	>70
抚州市宜黄水丘陵土壤保持功能功能区	66.98	>70
抚州市旴江丘陵水源涵养与水文调节功能	68.73	>70
上饶市乐安河丘陵水源涵养与水文调节功能	64.30	>70
上饶市葛溪丘陵水源涵养与水文调节功能	60.07	>70
景德镇市乐安河丘陵水源涵养与水文调节功能	55.12	>55
上饶市洎水丘陵水源涵养与水文调节功能	63.61	>70
景德镇市昌江丘陵水源涵养与水文调节功能	65.23	>70
景德镇市磻溪河丘陵水源涵养与水文调节功能	51.97	>55
赣州市赣江山地丘陵城市生活支撑功能区	83.78	>85
赣州市章水山地水源涵养与水文调节功能	61.16	>65
赣州市桃江山地丘陵水源涵养与水文调节功能	69.99	>80
赣州市贡水山地丘陵水源涵养与水文调节功能	55.64	>70
吉安市遂川江丘陵平原水源涵养与水文调节功能	68.95	>68
吉安市禾水丘陵平原水源涵养与水文调节功能	45.43	>70
吉安市赣江平原水源涵养与水文调节功能区	60.68	>80
赣州市梅江山地丘陵重要水生生境维持功能区	65.62	>65

水生态功能区名称	滨岸缓冲带植被覆盖比例现状	滨岸缓冲带植被覆盖比例目标
吉安市恩江丘陵平原水源涵养与水文调节功能	62.37	>79
赣州市平江山地丘陵水源涵养与水文调节功能	34.09	>35
南昌市赣江平原城市生活支撑功能区	61.74	>62
宜春市锦江丘陵平原水源涵养与水文调节功能	45.90	>80
新余市袁河丘陵平原水源涵养与水文调节功能	64.57	>65
宜春市袁河丘陵平原水源涵养与水文调节功能	75.35	>80

6.4 小　　结

1）提出了全国水生态功能区分级分类方法。确定了五级分区作为水生态健康管控基本单元，提出了水生态功能区主导功能判别方法，识别了五级分区的主导生态功能。进一步明确了各个五级分区的水生态健康保护等级要求，即生态Ⅰ级区、生态Ⅱ级区、生态Ⅲ级区、生态Ⅳ级区。依据水生态健康保护等级和水生态健康现状结果，进一步区分为风险防范类、功能保护类、功能恢复类、功能改善类四种水生态健康管控类型，实行分区分级分类管控。

2）提出了全国水生态功能区分级分类管理的思路。构建了涵盖水环境质量、水生态健康、空间管控的水生态功能区管控指标体系，提出了管控目标确定技术方法。针对四种生态等级区，提出了分级管控目标和管控要求以及管理要求；针对四种水生态健康管控类型，从水生态保护、水生态修复、产业结构优化调整、空间管控、污染治理等方面提出了重点治理和管理的方向。

3）提出了鄱阳湖流域水生态功能区分级分类管理方案。以鄱阳湖流域45个水生态功能五级分区为对象，开展了鄱阳湖流域水生态健康评价，完成了鄱阳湖流域水生态功能区分级分类。按照水生态健康等级划分，包括生态Ⅰ级区6个、生态Ⅱ级区23个、生态Ⅲ级区14个和生态Ⅳ级区2个，按照水生态健康管控类型划分，包括风险防范类功能区5个、功能保护类功能区4个、功能恢复类功能区30个、功能改善类功能区6个。结合鄱阳湖流域现有规划和分级分类管理要求，提出了鄱阳湖流域45个功能区的水质、水生态健康、土地利用空间管控目标。

第7章 | 研 究 展 望

国际上近几十年来水环境保护和治理的实践表明，水生态系统健康是水环境管理的终极目标，基于水生态健康保护的流域综合管理是解决水环境问题的有效途径。水生态功能分区是开展水生态健康管理的重要基础，在国家水体污染控制与治理科技重大专项的支持下，近十五年来我国在水生态功能分区方面已经开展了大量探索性工作。"十一五""十二五"开展了我国水生态功能分区理论和技术研究，提出了流域尺度水生态功能分区体系，完成了 11 个流域的水生态功能 1~4 级分区方案。"十三五"期间在上述研究基础上，提出了我国涵盖地理区-流域区-单元区三个尺度的水生态功能八级分区体系，制定了全国层面五级分区方案，在此基础上对全国水生态功能区分类管理思路进行了初步探讨。全国水生态功能分区方案研究使我国在认识水生态系统区域差异特征的工作中迈出了重要一步，可为我国水生态健康管理提供了基本管理单元，但同时也要认识到我国水生态功能分区研究仍需大力推进和完善，真正服务于实际管理仍需要解决诸多问题。

7.1 存在的问题

(1) 对全国水生态功能格局及其影响要素研究不足

水生态系统内各种要素相互作用十分复杂，弄清楚各种要素相互作用下水生态功能变化机制是十分困难的。水生态系统格局、功能及其影响要素研究依赖于长期观测和数据积累，要想识别出全国水生态功能的区域分布规律，准确识别出水生态功能格局形成的主要机制及其影响要素，目前来说确实很难实现的，这成为制约我国水生态功能分区研究的薄弱环节。

(2) 全国水生态功能分区体系和方案仍需不断优化完善

我国长期缺乏水生生物数据的积累，因此水体污染控制与治理科技重大专项基于"示范流域划定—成果总结—自上而下体系—全国划定"的总体思路，在松花江、辽河、海河、淮河、东江、黑河、赣江、太湖、滇池、洱海、巢湖 11 个流域水生态功能分区方案应用示范的基础上，提出了全国水生态功能分区体系的构建思路和分区方案。面临的一个问题是 11 个流域尺度差异较大，自下而上归纳时难以科学反映全国不同尺度的水生态区域差异特征。面临的另一个问题是示范流域外的其他区域研究基础薄弱，水生态区域特征及驱动要素认识不足，分区指标选取的合理性还需进一步验证。随着全国水生生物数据的积累和研究的深入，全国水生态功能分区体系和方案仍需进一步优化完善。

(3) 水生态功能分区方案与实际管理衔接仍有难度

在国外水环境管理工作中，水生态功能分区是水生态监测评价、完整性评价标准制定的重要依据。对于目前我国水环境管理来说，将水生态功能分区嵌入到实际工作中存在一定难度。首先，水功能区管理是在我国相关法律条文中明确规定的，与环境监测考核、流域污染防治等工作紧密结合，而我国尚缺少开展水生态功能分区工作的法律基础。其次，水生态功能分区在实际管理应用中存在技术上的限制，包括水生态功能分区与现有的水功能区的衔接、不同分区的水生态评价标准和目标制定等还缺乏系统研究。因此，在我国水生态功能分区尚缺乏法律基础，同时又存在技术上制约，这使得分区工作与实际管理衔接难度较大。

7.2 展　　望

水生态功能分区是一项具有非常明确实践目的的具体工作，随着水生生物数据的不断积累和对水生态系统区域差异规律认识的深入，水生态功能分区在实际应用过程中需不断修改并逐渐完善，而不能期望一次性形成完善的理论方法体系和分区方案。我国水生态功能分区的研究和实践应注意解决以下几个方面问题：

1）进一步优化全国水生态功能分区体系和在水生态功能分区优化方面，重点开展 11 个示范流域外的水生生物数据积累，进一步开展全国水生态空间分布格局及影响要素的研究，完善现有的分区体系和分区方案，更好地体现全国不同尺度水生态系统结构与功能特征。

2）在管理应用方面，重点与水生态监测评价相结合，结合水生态系统区域性特征，研究建立科学的水生态监测网络，制定不同分区内的评价指标、评价标准和保护目标。

3）在政策研究方面，重点研究如何以法律法规或技术标准的形式将水生态功能分区纳入我国环境保护的决策和支持系统当中，将水生态功能分区与水生态监测评价、水质标准制定、环境影响评价及自然保护区等工作紧密结合。

4）在相关部门实际操作方面，研究建立水生态功能分区管理体系，制定水生态功能区管理办法，选取基础条件好的区域，开展水生态功能分区与水功能区等其他分区的衔接，提出基于水生态功能保护的管理目标和考核要求，为水生态功能分区的实施提供政策保障。

参 考 文 献

安树青，朱学雷，王峥峰，等．1999．海南五指山热带山地雨林植物物种多样性研究．生态学报，（6）：803-809．

蔡佳亮，殷贺，黄艺．2010．生态功能区划理论研究进展．生态学报，30（11）：3018-3027．

蔡庆华，唐涛，邓红兵．2003．淡水生态系统服务及其评价指标体系的探讨．应用生态学报，（1）：135-138．

陈军锋，李秀彬．2004．土地覆被变化的水文响应模拟研究．应用生态学报，15（5）：833-836．

陈尚，张朝晖，马艳，等．2006．我国海洋生态系统服务功能及其价值评估研究计划．地球科学进展，（11）：1127-1133．

陈小华，李小平，程曦．2008．黄浦江和苏州河上游鱼类多样性组成的时空特征．生物多样性，16（2）：191-196．

陈宜瑜．1988．中国动物志・硬骨鱼纲・鲤形目（中）．北京：中国科学出版社．

程叶青，张平宇．2006．生态地理区划研究进展．生态学报，（10）：3424-3433．

邓伟，胡金明．2003．湿地水文学研究进展及科学前沿问题．湿地科学，（1）：12-20．

丁晓欣，朱韬，朱佳，等．2009．基于水量平衡方程的深圳市生态系统水源涵养功能分析．环境保护与循环经济，39（1）：26-30．

董哲仁．2009．河流生态系统研究的理论框架．水利学报，40（2）：129-137．

樊杰，刘毅，陈田，等．2013．优化我国城镇化空间布局的战略重点与创新思路．中国科学院院刊，28（1）：20-27．

方治国，欧阳志云，胡利锋，等．2004．城市生态系统空气微生物群落研究进展．生态学报，（2）：315-322．

冯祯，李翔，张远．2013．辽河保护区水生态功能分区研究．生态学报，32（6）：744-751．

傅伯杰，刘国华，陈利顶，等．2001．中国生态区划方案．生态学报，21（1）：1-6．

甘淑，袁希平．2005．澜沧江流域地理信息处理与地貌形态特征分析．云南地理环境研究，（4）：1-5．

高超，翟建青，陶辉，等．2009．巢湖流域土地利用/覆被变化的水文效应研究．自然资源学报，24（10）：1794-1803．

高俊峰，高永年，张志明．2019．湖泊型流域水生态功能分区的理论与应用．地理科学进展，38（8）：1159-1170．

高喆，曹晓峰，黄艺，等．2015．滇池流域水生态功能一二级分区研究．湖泊科学，27（1）：175-182．

龚相澔．2018．滇池流域生态资产评估及生态补偿研究．昆明：云南大学硕士学位论文．

韩晓增，王守宇，宋春雨，等．2005．土地利用/覆盖变化对黑土生态环境的影响．地理科学，25（2）：203-208．

郝芳华，陈利群，刘昌明，等．2004．土地利用变化对产流和产沙的影响分析．水土保持学报，18（3）：5-8．

郝秀平，夏军，王蕊．2010．气候变化对地表水环境的影响研究与展望．水文，30（1）：67-72．

黄秉维. 1958. 中国综合自然区划的初步草案. 地理学报, (4): 348-365.

贾良清, 欧阳志云, 赵同谦, 等. 2005. 安徽省生态功能区划研究. 生态学报, 25 (2): 254-260.

蒋有绪. 2002. 关于我国生物多样性保育工作的若干思考. 中国科学院院刊, (1): 55-57.

蒋有绪, 刘世荣. 1993. 关于区域生物多样性保护研究的若干问题. 自然资源学报, (4): 289-298.

孔维静, 张远, 王一涵, 等. 2013a. 基于空间数据的太子河河流生境分类. 环境科学研究, 26 (5): 487-493.

孔维静, 孟伟, 张远, 等. 2013b. 基于适宜性分析的辽河保护区土地利用规划. 环境工程技术学报, 3 (6): 472-480.

孔维静, 王一涵, 潘雪莲, 等. 2013c. 辽宁太子河上游沿岸景观格局的幅度效应. 山地学报, 31 (3): 287-293.

李恩宽. 2009. 黄河河流系统功能分类研究. 人民黄河, 31 (6): 20-21, 121.

李丽娟, 姜德娟, 李九一, 等. 2007. 土地利用/覆被变化的水文效应研究进展. 自然资源学报, 22 (2): 211-224.

李绅东. 2004. 云南省年降水量随高程变化分析. 水资源研究, 25 (1): 15-16.

李思忠. 1981. 中国淡水鱼类的分布区划. 北京: 科学出版社.

李翔, 张远, 孔维静, 等. 2013. 辽河保护区水生态功能分区研究. 生态科学, 32 (6): 744-751.

刘瑞娟, 张万昌. 2010. 基于动态产流机制的分布式土壤侵蚀模型研究. 水土保持通报, 30 (6): 139-143.

刘素平. 2011. 辽河流域三级水生态功能分区研究. 沈阳: 辽宁大学.

刘艳红, 赵惠勋. 2000. 干扰与物种多样性维持理论研究进展. 北京林业大学学报, (4): 101-105.

刘艳红, 赵惠勋. 2001. 小尺度干扰与资源总量对植物多样性的影响研究. 北京林业大学学报, 23 (3): 73-76.

刘洋, 张健, 杨万勤. 2009. 高山生物多样性对气候变化响应的研究进展, 生物多样性, 17 (1): 88-96.

栾建国, 陈文祥. 2004. 河流生态系统的典型特征和服务功能. 人民长江, (9): 41-43.

吕一河, 傅伯杰. 2001. 生态学中的尺度及尺度转换方法. 生态学报, (12): 2096-2105.

马世骏, 王如松. 1984. 社会–经济–自然复合生态系统. 生态学报, (1): 1-9.

马骁骁. 2011. 维护河岸带生态系统的动态平衡. 科技导报, (23): 10.

欧阳志云, 王如松. 2000. 生态系统服务功能、生态价值与可持续发展. 世界科技研究与发展, 22 (5): 45-50.

彭静, 董哲仁, 李翀. 2008. 河流生态功能综合评价的层次决策分析方法. 水资源保护, (1): 45-48.

史培军, 宫鹏, 李晓兵, 等. 2000. 土地利用/土地覆盖变化研究的方法与实践. 北京: 科学出版社.

史培军, 袁艺, 陈晋. 2001. 深圳市土地利用变化对流域径流的影响. 生态学报, 21 (7): 1041-1049.

史为良. 1985. 鱼类动物区系复合体学说及其评价. 水产科学, 2: 42-45.

孙然好, 汲玉河, 尚林源, 等. 2013. 海河流域水生态功能一级二级分区. 环境科学, 34 (2): 509-516.

汤国安, 杨昕, 等. 2012. ArcGIS 地理信息系统空间分析实验教程（第二版）. 北京: 科学出版社.

田宇鸣, 李新. 2006. 土地利用/覆被变化（LUCC）环境效应研究综述. 环境科学与管理, 31 (5): 60-64.

童波, 操文颖. 2008. 长江口开发与河口珍稀水生动物保护. 人民长江, 39 (23): 65-67.

万忠成, 王治江, 王延松, 等. 2006. 辽宁省生态功能分区域生态服务功能重要区域. 气象与环境学报, 22 (5): 69-71.

王欢, 韩霜, 邓红兵, 等. 2006. 香溪河河流生态系统服务功能评价. 生态学报, (9): 2971-2978.

王西琴，张远，刘昌明.2007.辽河流域生态需水估算.地理研究，(1)：22-28.

王晓学，沈会涛，李叙勇，等.2013.森林水源涵养功能的多尺度内涵、过程及计量方法.生态学报，33（4）：1019-1030.

王政权.1999.地统计学及在生态学中的应用.北京：科学出版社.

邬建国.2007.景观生态学——格局、过程、尺度与等级（第二版）.北京：高等教育出版社.

伍光和，王乃昂，胡双熙，等.2008.自然地理学.北京：高等教育出版社.

奚玉英.1988.雅砻江、金沙江、澜沧江、怒江流域地形对水文气候的影响.成都气象学院学报，(1)：18-28.

解焱，李典谟.2002.中国生物地理区划研究.生态学报，22（10）：1599-1615.

肖建红，施国庆，毛春梅，等.2008.河流生态系统服务功能经济价值评价.水利经济，(1)：9-11，25，75.

熊怡.1995.中国水文区划.北京：科学出版社.

徐继填，陈百明，张雪芹.2001.中国生态系统生产力区划.地理学报，(4)：401-408.

徐兆生.1986.丹江口水库流域地形及建库后对降水的影响.地理学与国土研究，(3)：57-64.

许莎莎.2012.黑河流域水生态功能分区研究.兰州：兰州大学.

燕乃玲，虞孝感.2003.我国生态功能区划的目标、原则与体系.长江流域资源与环境，(6)：579-585.

燕乃玲，虞孝感.2007.生态系统完整性研究进展.地理科学进展，(1)：17-25.

燕乃玲，赵秀华，虞孝感.2006.长江源区生态功能区划与生态系统管理.长江流域资源与环境，(5)：598-602.

杨爱民，唐克旺，王浩，等.2008.中国生态水文分区.水利学报，39（3）：332-338.

尹民，杨志峰，崔保山.2005.中国河流生态水文分区初探.环境科学学报，4：423-428.

余振平.2020.我国粮食主产区的粮食生产影响因素分析.粮食科技与经济，45（3）：32-33.

张春霖.1954.中国淡水鱼类的分布.地理学报，20（3）：279-284.

张金屯.1995.结合多个环境因子的模糊数学排序.植物学通报，(S2)：238-242.

张明海，李言阔.2005.动物生境选择研究中的时空尺度.兽类学报，(4)：85-91.

张琪，方海兰，史志华，等.2007.侵蚀条件下土壤性质对团聚体稳定性影响的研究进展.林业科学，43（sp1）：77-80.

张荣祖.1987.动物地理分区（一）——世界动物地理分区.生物学通报，(2)：1-2，22.

赵米金，徐涛.2005.土地利用/土地覆被变化环境效应研究.水土保持研究，12（1）：43-46.

赵同谦，欧阳志云，王效科，等.2003.中国陆地地表水生态系统服务功能及其生态经济价值评价.自然资源学报，(4)：443-452.

赵银军，魏开湄，丁爱中.2013.河流功能及其与河流生态系统服务功能对比研究.水电能源科学，31（1）：72-75.

郑度，傅小锋.1999.关于综合地理区划若干问题的探讨.地理科学，(3)：3-5.

郑度，欧阳，周成虎.2008.对自然地理区划方法的认识与思考.地理学报，(6)：563-573.

周华荣，肖笃宁.2006.塔里木河中下游河流廊道景观生态功能分区研究.干旱区研究，23（1）：16-20.

周晓峰.1999.中国森林的生态功能//中国科学技术协会，浙江省人民政府.面向21世纪的科技进步与社会经济发展（上册）.中国科学技术协会，杭州.

祝志辉，黄国勤.2008.江西省生态功能区划的分区过程及结果.生态科学，27（2）：114-118.

Abell R，Thieme M L，Revenga C，et al. 2008. Freshwater ecoregions of the world：A new map of biogeographic units for freshwater biodiversity conservation. Bioscience，58（5）：403-414.

Abugov R. 1982. Species-diversity and phasing of disturbance. Ecology, 63（2）：289-293.

Albert D A, Denton S R, Barnes B V. 1986. Regional landscape ecosystems of Michigan. Ann Arbor, MI：University of Michigan. Map scale 1：1, 000, 000.

Allan J D. 2004. Landscapes and riverscapes：The influence of land use on stream ecosystems. Annual Review of Ecology Evolution and Systematics, 35：257-284.

Allan J D, Flecker A S. 1993. Biodiversity Conservation in Running Waters. BioScience, 43（1）：32-43.

Allen T F H, Starr T B. 1982. Hierarchy：Perspectives for Ecological Complexity. Chicago：University of Chicago Press.

Amis M A, Rouget M, Lotter M, et al. 2009. Integrating freshwater and terrestrial priorities in conservation planning. Biological Conservation, 142（10）：2217-2226.

Amoros C, Bornette G. 2002. Connectivity and biocomplexity in waterbodies of riverine floodplains. Freshwater Biology, 47（4）：761-776.

Aplet G H, Hughes R F, Vitousek P M. 1998. Ecosystem development on Hawaiian lava flows：Biomass and species composition. Journal of Vegetation Science, 9（1）：17-26.

Armesto J J, Pickett S. 1985. Experiments on disturbance in old-field plant-communities-impact on species richness and abundance. Ecology, 66（1）：230-240.

Austrian Standards ÖNORM M 6232. 1997. Guidelines for the Ecological Survey and Evaluation of Flowing Surface Waters. Vienna：Austrian Standards Institute：38.

Bailey R G. 1998. Ecoregions：The Ecosystem Geography of the Oceans and Continents. New York：Springer-Verlag Inc., 192.

Bailey R G. 2004. Identifying ecoregion boundaries. Environmental Management, 341：S14-S26.

Bailey R G. 1976. Ecoregions of the United States. 1976. Map（scale 1：7, 500, 000）. https://link. springer. com/chapter/10. 1007/978-1-4612-2358-0_7［2021-3-15］.

Barber C B, Dobkin D P, Huhdanpaa H. 1996. The quickhull algorithm for convex hulls. ACM Transactions on Mathematical Software（TOMS）, 22（4）：469-483.

Baselga A. 2010. Partitioning the turnover and nestedness components of beta diversity. Global Ecology and Biogeography, 19（1）：134-143.

Baselga A. 2012. The relationship between species replacement, dissimilarity derived from nestedness, and nestedness. Global Ecology and Biogeography, 21（12）：1223-1232.

Beardall J, Beer S, Raven J A. 1998. Biodiversity of marine plants in an era of climate change：Some predictions based on physiological performance. Botanica Marina, 41（1）：113-123.

Bedford B L. 1996. The need to define hydrologic equivalence at the landscape scale for freshwater wetland mitigation. Ecological Applications, 6（1）：57-68.

Bjerring R, Bradshaw E G, Amsinck S L, et al. 2008. Inferring recent changes in the ecological state of 21 Danish candidate reference lakes（EU Water Framework Directive）using palaeolimnology. Journal of Applied Ecology, 45（6）：1566-1575.

Black R W, Munn M D, Plotnikoff R W. 2004. Using macroinvertebrates to identify biota-land cover optima at multiple scales in the Pacific Northwest, USA. Journal of The North American Benthological Society, 23（2）：340-362.

Bremner J, Rogers S I, Frid C L J. 2003. Assessing functional diversity in marine benthic systems：A comparison of approaches. Marine Ecology Progress, 254（8）：11-25.

Brierley G, Fryirs K, Outhet D, et al. 2002. Application of the River Styles framework as a basis for river management in New South Wales, Australia. Applied Geography, 22: 91-122.

Brown J H, Gillooly J F, Allen A P, et al. 2004. Toward a metabolic theory of ecology. Ecology, 85 (7): 1771-1789.

Buffington J M, Montgomery D R. 1997. A systematic analysis of eight decades of incipient motion studies, with special reference to gravel-bedded rivers. Water Resources Research, 33 (8): 1993-2029.

Carpenter S R, Lodge D M. 1986. Effects of submersed macrophytes on ecosystem processes. Aquatic Botany, 26 (3-4): 341-370.

Carvalho J C, Cardoso P, Gomes P. 2012. Determining the relative roles of species replacement and species richness differences in generating beta-diversity patterns. Global Ecology and Biogeography, 21 (7): 760-771.

Chillo V, Ojeda R A. 2012. Mammal functional diversity loss under human-induced disturbances in arid lands. Journal of Arid Environments, 87 (4): 95-102.

Cohen P, Andriamahefa H, Wasson J G. 1998. Towards a regionalization of aquatic habitat: Distribution of mesohabitats at the scale of a large basin. Regulated Rivers-Research and Management, 14 (5): 391-404.

Colwell R K, Rahbek C, Gotelli N J. 2004. The mid-domain effect and species richness patterns: What have we learned so far? American Naturalist, 163 (3): E1-E23.

Cooper C M. 1993. Biological effects of agriculturally derived surface-water pollutants on aquatic systems-A review. Journal of Environmental Quality, 22 (3): 402-408.

Cornwell W K, Schwilk D W, Ackerly D D. 2006. A trait-based test for habitat filtering: Convex hull volume. Ecology, 87 (6): 1465-1471.

Costanza R, Darge R, Degroot R, et al. 1997. The value of the world's ecosystem services and natural capital. Nature, 387 (6630): 253-260.

Cropper A. 1992. Convention on Biological Diversity. https://www.scielo.br/scielo.php? lng=en&pid=S0103-40141992000200015&script=sci_arttext&tlng=en [2021-3-15].

Crowley J M. 1967. Biogeography. The Canadian Geographer, 11 (4): 312-326.

Currie D J, Paquin V. 1987. Large-scale biogeographical patterns of species richness of trees. Nature, 329 (6137): 326-327.

Currie D J. 1991. Energy and large-scale patterns of animal-species and plant-species richness. American Naturalist, 137 (1): 27-49.

Davies P E. 2000. Development of a national river bioassessment system, AUSRIVAS in Australia//Wright J F, Sutcliffe D W, Furse M T. Assessing the biological quality of fresh waters-RIVPACS and other techniques. https://xueshu.baidu.com/usercenter/paper/show? paperid=7b09c420abe0a170facde5a27f2238a7&site=xueshu_se [2021-3-15].

de Bello F, Lavergne S, Meynard C N, et al. 2010. The partitioning of diversity: Showing Theseus a way out of the labyrinth. Journal of vegetation science, 21 (5): 992-1000.

de Groot R. 2006. Function-analysis and valuation as a tool to assess land use conflicts in planning for sustainable, multi-functional landscapes. Landscape and Urban Planning, 75 (3-4): 175-186.

de Groot R S, Wilson M A, Boumans R. 2002. A typology for the classification, description and valuation of ecosystem functions, goods and services. Ecological Economics, 41: 393-408.

DeFries R, Eshleman K N. 2004. Land-use change and hydrologic processes: A major focus for the future. Hydrological Processes, 18 (11): 2183-2186.

Devictor V, Mouillot D, Meynard C, et al. 2010. Spatial mismatch and congruence between taxonomic, phylogenetic and functional diversity: The need for integrative conservation strategies in a changing world. Ecology Letters, 13 (8): 1030-1040.

Díaz S, Cabido M. 2001. Vive la difference: Plant functional diversity matters to ecosystem processes. Trends in Ecology and Evolution, 16 (11): 646-655.

Díaz S, Fargione J, Chapin III F S, et al. 2006. Biodiversity loss threatens human well-being. PLoS Biol, 4 (8): e277.

Díaz S, Lavorel S, de Bello F, et al. 2007. Incorporating plant functional diversity effects in ecosystem service assessments. Proceedings of the National Academy of Sciences, 104 (52): 20684-20689.

Dinerstein E D, M Olson, D J Graham, et al. 1995. A Conservation Assessment of the Terrestrial Ecoregions of Latin America and the Caribbean. Washington D C: The World Wildlife Fund, The World Bank: 129.

Dumay O, Tari P, Tomasini J, et al. 2004. Functional groups of lagoon fish species in Languedoc Roussillon, southern France. Journal of Fish Biology, 64 (4): 970-983.

Egoh B, Rouget M, Reyers B, et al. 2007. Integrating ecosystem services into conservation assessments: A review. Ecological Economics, 63 (4): 714-721.

Egoh B, Reyers B, Rouget M, et al. 2008. Mapping ecosystem services for planning and management. Agriculture Ecosystems and Environment, 127 (1-2): 135-140.

Ferreol M, Dohet A, Cauchie H M, et al. 2005. A top-down approach for the development of a stream typology based on abiotic variables. Hydrobiologia, 551: 193-208.

Field C K. 1996. Estimating the effects of changing land use patterns on Connecticut lakes. Journal of Environmental Quality, 25: 325-333.

François F, Gerino M, Stora G, et al. 2002. Functional approach to sediment reworking by gallery-forming macrobenthic organisms: Modeling and application with the polychaete Nereis diversicolor. Marine Ecology Progress Series, 229: 127-136.

Garnier E. 1992. Growth analysis of congeneric annual and perennial grass species. Journal of Ecology, 80 (4): 665-675.

Gatz A J. 1979. Community organization in fishes as indicated by morphological features. Ecology, 60 (4): 711-718.

Goldstein R M, Meador M R, Ruhl K E. 2007. Relative influence of streamflows in assessing temporal variability in stream habitat. Journal of The American Water Resources Association, 43 (3): 642-650.

Gower J C. 1971. A general coefficient of similarity and some of its properties. Biometrics, 27 (4): 857-871.

Gregory K J, Walling D E. 1971. Field measurements in Drainage basin. Geography, 56 (253): 277-292.

Hack J E. 1957. The Effect of spore germination and development on plate counts of fungi in soil. Journal of General Microbiology, 17 (3): 625-630.

Heatherly T I, Bazata K, Schumacher D, et al. 2014. A comparison of fish- based classification schemes for reference streams and rivers in Nebraska. Journal of Environmental Quality, 43 (3): 1004-1012.

Heemsbergen D A, Berg M P, Loreau M, et al. 2004. Biodiversity effects on soil processes explained by interspecific functional dissimilarity. Science, 306 (5698): 1019-1020.

Hein L, Bagstad K, Edens B, et al. 2016. Defining ecosystem assets for natural capital accounting. Plos One, 11 (E16446011).

Hemsley F B. 2000. Classification of the biological quality of rivers in England and Wales//Wright J F, Sutcliffe D

W, Furse M T. Assessing the biological quality of freshwaters-RIVPACS and other techniques. https://xueshu. baidu. com/usercenter/paper/show? paperid = d7ed2d38214d1a0ddf907f1bfd21e9d9&site = xueshu _ se [2021-3-15].

Hidasi-Neto J, Barlow J, Cianciaruso M V. 2012. Bird functional diversity and wildfires in the Amazon: The role of forest structure. Animal Conservation, 15 (15): 407-415.

Higgins J V, Bryer M T, Khoury M L, et al. 2005. A freshwater classification approach for biodiversity conservation planning. Conservation Biology, 19 (2): 432-445.

Host G E, Polzer P L, Mladenoff D J, et al. 1996. A quantitative approach to developing regional ecosystem classifications. Ecological Applications, 6 (2): 608-618.

Hughes R M, Gammon J R. 1987. Longitudinal changes in fish assemblages and water-quality in the Willamette River, Oregon. Transactions of The American Fisheries Society, 116 (2): 196-209.

Hughes R, Larsen D, Omemik J M. 1986. Regional reference sites: A method for assessing stream potentials. Environmental Management, 10 (5): 629-635.

Hughes R, Whittier T, Rohm C, et al. 1990. A regional framework for establishing recovery criteria. Environmental Management, 14: 673-683.

Hulot F D, Lacroix G, Lescher-Moutoué F, et al. 2000. Functional diversity governs ecosystem response to nutrient enrichment. Nature, 405 (6784): 340-344.

Jackson J B. 2008. Ecological extinction and evolution in the brave new ocean. Proceedings of the National Academy of Sciences, 105 (Supplement 1): 11458-11465.

Jaschinski S, Floeder S, Petenati T, et al. 2015. Effects of Nitrogen concentration on the taxonomic and functional structure of phytoplankton communities in the Western Baltic Sea and implications for the European Water Framework Directive. Hydrobiologia, 745 (1): 201-210.

Jeffries M. 1990. Interspecific differences in movement and hunting success in Damselfly Larvae (Zygoptera, Insecta) -Responses to prey availability and predation threat. Freshwater Biology, 23 (2): 191-196.

Johnson L B, Host G E. 2010. Recent developments in landscape approaches for the study of aquatic ecosystems. Journal of The North American Benthological Society, 29 (1): 41-66.

Johnson L B, Richards C, Host G E, et al. 1997. Landscape influences on water chemistry in Midwestern stream ecosystems. Freshwater Biology, 37 (1).

Jonathan M P, Ram-Mohan V, Srinivasalu S. 2004. Geochemical variations of major and trace elements in recent sediments, off the Gulf of Mannar, the southeast coast of India. Environmental Geology, 45 (4): 466-480.

Kadmon R, Danin A. 1999. Distribution of plant species in Israel in relation to spatial variation in Rainfall. Journal of Vegetation Science, 10 (3): 421-432.

Kart J R, Dudley D R. 1981. Ecological perspective on water quality goals. Environmental Management, 5: 55-68.

Koleff P, Gaston K J, Lennon J J. 2003. Measuring beta diversity for presence-absence data. Journal of Animal Ecology, 723: 367-382.

Laliberté E, Legendre P. 2010. A distance-based framework for measuring functional diversity from multiple traits. Ecology, 91 (1): 299-305.

Lamouroux N, Poff N L, Angermeier P L. 2002. Intercontinental convergence of stream fish community traits along geomorphic and hydraulic gradients. Ecology, 83 (7): 1792-1807.

Lande R. 1996. Statistics and partitioning of species diversity, and similarity among multiple communities. Oikos,

76 （1）：5-13.

Larsen D P, Omernik J M, Hughes R M, et al. 1986. Correspondence between spatial patterns in fish assemblages in Ohio Streams and aquatic ecoregions. Environmental Management, 10 （6）：815-828.

Larsen D P, Dudley D R, Hughes R M. 1988. A regional approach for assessing attainable surface-water quality-an ohio case-study. Journal of Soil and Water Conservation, 43 （2）：171-176.

Lavorel S, Garnier E. 2002. Predicting changes in community composition and ecosystem functioning from plant traits：Revisiting the Holy Grail. Functional Ecology, 16 （5）：545-556.

Lavorel S, Grigulis K, Lamarque P, et al. 2011. Using plant functional traits to understand the landscape distribution of multiple ecosystem services. Journal of Ecology, 99 （1）：135-147.

Lebo M E, Herrmann R B. 1998. Harvest impacts on forest outflow in coastal north Carolina. Journal of Environmental Quality, 27 （6）：1382-1395.

Leibold M A, Holyoak M, Mouquet N, et al. 2004. The metacommunity concept：A framework for multi-scale community ecology. Ecology Letters, 7 （7）：601-613.

Lenat D R. 1984. Agriculture and stream water-quality-A biological evaluation of erosion control practices. Environmental Management, 8 （4）：333-343.

Lenat D R, Crawford J K. 1994. Effects of land-use on water-quality and aquatic biota of 3 North-Carolina Piedmont Streams. Hydrobiologia, 294 （3）：185-199.

Leopold L B, Wolman M G. 1960. River meanders. Geological Society of America Bulletin, 71 （6）：769.

Leprieur F, Tedesco P A, Hugueny B, et al. 2011. Partitioning global patterns of freshwater fish beta diversity reveals contrasting signatures of past climate changes. Ecology Letters, 14 （4）：325-334.

Leps J, de Bello F, Lavorel S, et al. 2006. Quantifying and interpreting functional diversity of natural communities：Practical considerations matter. Preslia, 78 （4）：481-501.

Macarthur R, Levins R. 1967. Limiting similarity convergence and divergence of coexisting species. American Naturalist, 101 （921）：377.

Magurran A E. 1994. Measuring biological diversity. Environmental and Ecological Statistics, 1 （2）：95-103.

Mason N W H, Mouillot D, Lee W G, et al. 2005. Functional richness, functional evenness and functional divergence：The primary components of functional diversity. Oikos, 111 （1）：112-118.

Mason N W, Lanoiselée C, Mouillot D, et al. 2007. Functional characters combined with null models reveal in-consistency in mechanisms of species turnover in lacustrine fish communities. Oecologia, 153 （2）：441-452.

Mason N W, Irz P, Lanoiselée C, et al. 2008. Evidence that niche specialization explains species-energy relationships in lake fish communities. Journal of Animal Ecology, 77 （2）：285-296.

Maxwell J R, Edwards C J, Jensen M E, et al. 1995. A Hierarchical Framework of Aquatic Ecological Units in North America （Nearctic Zone）. https：//xueshu. baidu. com/usercenter/paper/show? paperid=9227fa3a995b968aeb1b7884b7abb86a&site=xueshu_se ［2021-3-15］.

McGill B J, Enquist B J, Weiher E, et al. 2006. Rebuilding community ecology from functional traits. Trends in Ecology & Evolution, 21 （4）：178-185.

McIntyre P B, Jones L E, Flecker A S, et al. 2007. Fish extinctions alter nutrient recycling in tropical freshwa-ters. Proceedings of the National Academy of Sciences, 104 （11）：4461-4466.

McKnight M W, White P S, McDonald R I, et al. 2007. Putting beta-diversity on the map：Broad-scale congruence and coincidence in the extremes. PLoS Biology, 5 （10）：e272.

McNab W H, Avers P E. 1994. Ecological subregions of the United States：section descriptions. Washington, DC：

USDA Forest Service. Map scale 1：3，500，000.

Michael P. 1991. Dispute Resolution between Governments：The Canada-United States Environmental Context. Canada-United States Law Journal，17. 2：431. https：//xueshu. baidu. com/usercenter/paper/show？ paperid = 3940e958da17f3c2b8c738b784d06b26&site = xueshu_se ［2021-3-15］.

Miller T E. 1982. Community diversity and interactions between the size and frequency of disturbance. American Naturalist，120（4）：533-536.

Mitsch W J，Dorge C L，Wiemhoff J R. 1979. Ecosystem dynamics and a phosphorus budget of an alluvial cypress swamp in Southern Illinois. Ecology，60（6）：1116-1124.

Mokany K，Ash J，Roxburgh S. 2008. Effects of spatial aggregation on competition，complementarity and resource use. Austral Ecology，33（3）：261-270.

Mollard J D，Hughes G T. 1973. Earthflows in Grondines and Trois-Rivieres Areas，Quebec-Discussion. Canadian Journal of Earth Sciences，10（2）：324-326.

Montgomery J A. 1983. The geomorphic evolution of the taylor-black-prairie between the Trinity and Colorado Rivers. Aapg Bulletin-American Association of Petroleum Geologists，67（3）：517-518.

Moog O，Kloiber A S，Thomas O，et al. 2004. Does the ecoregion approach support the typological demands of the EU 'Water Framework Directive'? Hydrobiologia，516：21-23.

Mori T. 1936. Studies on the geographical distribution of freshwater fishes in Chosen. Bull. Biogeogr. Soc. Japan，6（7）：8.

Mouchet M A，Mouillot D. 2011. Decomposing phylogenetic entropy into α，β and γ components. Biology Letters，7（2）：205-209.

Mouchet M A，Villeger S，Mason N W，et al. 2010. Functional diversity measures：An overview of their redundancy and their ability to discriminate community assembly rules. Functional Ecology，24（4）：867-876.

Mouillot D，Mason W N，Dumay O，et al. 2005. Functional regularity：A neglected aspect of functional diversity. Oecologia，142（3）：353-359.

Mouillot D，Villéger S，Lorenzen M S，et al. 2011. Functional structure of biological communities predicts ecosystem multifunctionality. PloS One，6（3）：e17476.

Mouillot D，Villéger S，Parravicini V，et al. 2014. Functional over-redundancy and high functional vulnerability in global fish faunas on tropical reefs. Proceedings of the National Academy of Sciences，111（38）：13757-13762.

Munné A，Prat N. 2004. Defining river types in a Mediterranean area：A methodology for the implementation of the EU Water Framework Directive. Environmental Management，34（5）：711-729.

Naeem S，Duffy J E，Zavaleta E. 2012. The functions of biological diversity in an age of extinction. Science，336（6087）：1401-1406.

Nilsson C. 2002. Freshwater ecoregions of North America. A Conservation Assessment. Ecological Economics，40（Pii S0921-8009（01）00262-22）：315.

Oberdorff T，Guegan J F，Hugueny B. 1995. Global scale patterns of fish species richness in rivers. Ecography，18（4）：345-352.

Olden J D，Poff N L，Bestgen K R. 2006. Life-history strategies predict fish invasions and extirpations in the Colorado River Basin. Ecological Monographs，76（1）：25-40.

Omernik J M. 1987. Ecoregions of the Conterminous United States（Map Supplement）. Annals of the Association of American Geographers，77（1）：118-125.

Omernik J M, Gallant A L. 1990. Defining regions for evaluating environmental resources. In: Proceedings of the global natural resource monitoring and assessment symposium, preparing for 21st century. Venice, Italy: 936-947.

Omernik J M, Bailey R G. 1997. Distinguishing between watershed and ecoregion. Journal of American Water Resources Association, 33 (5): 935-949.

Palmer M W, White P S. 1994. On the existence of ecological communities. Journal of Vegetation Science, 5 (2): 279-282.

Parr C L, AndersenA N, Chastagnol C, et al. 2007. Savanna fires increase rates and distances of seed dispersal by ants. Oecologia, 151 (1): 33-41.

Paul M J, Meyer J L. 2001. Streams in the urban landscape. Annual Review of Ecology and Systematics, 32: 333-365.

Pavoine S, Bonsall M. 2011. Measuring biodiversity to explain community assembly: A unified approach. Biological Reviews, 86 (4): 792-812.

Pavoine S, Dufour A B, Chessel D. 2004. From dissimilarities among species to dissimilarities among communities: A double principal coordinate analysis. Journal of theoretical biology, 228 (4): 523-537.

Pearson T H. 2001. Functional group ecology in soft sediment marine benthos: The role of bioturbation. https://www.researchgate.net/publication/285022023_Functional_group_ecology_in_soft-sediment_marine_benthos_The_role_of_bioturbation [2020-3-18].

Petchey O L, Gaston K J. 2002. Functional diversity (FD), species richness and community composition. Ecology Letters, 5 (3): 402-411.

Petchey O L, Gaston K J. 2006. Functional diversity: Back to basics and looking forward. Ecology Letters, 9 (6): 741-758.

Platts W S. 1979. Relationships among stream order, fish populations, and aquatic geomorphology in an Idaho River Drainage. Fisheries, 4 (2): 5-9.

Preston E M, Bedford B L. 1988. Evaluating cumulative effects on wetland functions-A conceptual overview and generic framework. Environmental Management, 12 (5): 565-583.

Purvis A, Hector A. 2000. Getting the measure of biodiversity. Nature, 405 (6783): 212-219.

Qian H, Ricklefs R E. 1999. A comparison of the taxonomic richness of vascular plants in China and the United States. American Naturalist, 154 (2): 160-181.

Quinn G P, Hillman T J, Cook R. 2000. The response of macroinvertebrates to inundation in floodplain wetlands: A possible effect of river regulation? Regulated Rivers-Research and Management, 16 (5): 469-477.

Rasmussen H. 1980. A method for obtaining approximate solutions for two-dimensional estuaries. Applied Mathematical Modelling, 4 (4): 308-312.

Rathert D, White D, Sifneos J C, et al. 1999. Environmental correlates of species richness for native freshwater fish in Oregon, Usa. Journal of Biogeography, 26 (2): 257-273.

Rebich R A, Houston N A, Mize S V, et al. 2011. Sources and delivery of nutrients to the northwestern gulf of Mexico from streams in the south-central United States. Journal of The American Water Resources Association, 47 (5): 1061-1086.

Reich P B, Walters M B, Tjoelker M G, et al. 1998. Photosynthesis and respiration rates depend on leaf and root morphology and nitrogen concentration in nine boreal tree species differing in relative growth rate. Functional Ecology, 12 (3): 395-405.

Reinfelds I, Cohen T, Batten P, et al. 2004. Assessment of downstream trends in channel gradient, total and specific stream power: A gis approach. Geomorphology, 60 (3-4): 403-416.

Richards C, Haro R J, Johnson L B, et al. 1997. Catchment and reach-scale properties as indicators of macroinvertebrate species traits. Freshwater Biology, 37 (1): 219.

Richerson P J, Lum K. 1980. Patterns of plant-species diversity in California-Relation to weather and topography. American Naturalist, 116 (4): 504-536.

Ricotta C, Szeidl L. 2009. Diversity partitioning of Rao's quadratic entropy. Theoretical Population Biology, 76 (4): 299-302.

Ricotta C, Burrascano S. 2008. Beta diversity for functional ecology. Preslia, 80 (1): 61-72.

Ricotta C. 2005. A note on functional diversity measures. Basic and Applied Ecology, 6 (5): 479-486.

Rohm C M, Giese J W, Bennett C C. 1987. Evaluation of an aquatic ecoregion classification of streams in Arkansas. Journal of Freshwater Ecology, 4 (1): 127-140.

Rosgen D L. 1994. A classification of natural rivers. Catena, 22 (3): 169-199.

Rowe D C, Pierce C L, Wilton T F. 2009. Fish assemblage relationships with physical habitat in Wadeable Iowa Streams. North American Journal of Fisheries Management, 29 (5): 1314-1332.

Roy A H, Rosemond A D, Paul M J, et al. 2003. Stream macroinvertebrate response to Catchment Urbanisation (Georgia, Usa). Freshwater Biology, 48 (2): 329-346.

Schaumburg J, Schranz C, Foerster J. 2004. Ecological classification of macrophytes and phytobenthos for rivers in Germany according to The Water Framework Directive. Limnologica, 34 (4): 283-301.

Schleuter D, Daufresne M, Massol F, et al. 2010. A user's guide to functional diversity indices. Ecological Monographs, 80 (3): 469-484.

Schlosser I J. 1991. Stream fish ecology: A landscape perspective. Bioscience, 41: 704-712.

Schueler S, Kapeller S, Konrad H, et al. 2013. Adaptive genetic diversity of trees for forest conservation in a future climate: A case study on Norway Spruce in Austria. Biodiversity and Conservation, 22 (5si): 1151-1166.

Serafy J E, Shideler G S, Araujo R J, et al. 2015. Mangroves enhance reef fish abundance at the caribbean regional scale. Plos One, 10 (E014202211).

Shipley B, Vile D, Garnier E, et al. 2005. Functional linkages between leaf traits and net photosynthetic rate: Reconciling empirical and mechanistic models. Functional Ecology, 19 (4): 602-615.

Shipley B. 2006. Net assimilation rate, specific leaf area and leaf mass ratio: Which is most closely correlated with relative growth rate? A meta-analysis. Functional Ecology, 20 (4): 565-574.

Snelder T H, Biggs B J F. 2002. Multiscale river environment classification for water resources management. Journal of the American Water Resources Association 38: 1225-1239.

Stanford J A, Ward J V, Liss W J, et al. 1996. A general protocol for restoration of regulated rivers. Regulated Rivers-Research and Management, 12 (4-5): 391-413.

Stegen J C, Hurlbert A H. 2011. Inferring ecological processes from taxonomic, phylogenetic and functional trait β-diversity. PloS One, 6 (6): e20906.

Stevens R D, Cox S B, Strauss R E, et al. 2003. Patterns of functional diversity across an extensive environmental gradient: Vertebrate consumers, hidden treatments and latitudinal trends. Ecology Letters, 6 (12): 1099-1108.

Strahler A N. 1957. Objective field sampling of physical terrain properties. Annals of The Association of American

Geographers, 47 (2): 179-180.

Swenson N G. 2011. Phylogenetic beta diversity metrics, trait evolution and inferring the functional beta diversity of communities. PloS One, 6 (6): e21264.

Swenson N G, Enquist B J, Pither J, et al. 2012. The biogeography and filtering of woody plant functional diversity in North and South America. Global Ecology and Biogeography, 21 (8): 798-808.

Taylor B W, Flecker A S, Hall R O. 2006. Loss of a harvested fish species disrupts carbon flow in a diverse tropical river. Science, 313 (5788): 833-836.

Tesfaye M, Dufault N S, Dornbusch M R, et al. 2003. Influence of enhanced malate dehydrogenase expression by alfalfa on diversity of rhizobacteria and soil nutrient availability. Soil Biology and Biochemistry, 35 (8): 1103-1113.

Thieme M, Lehner B, Abell R, et al. 2007. Freshwater conservation planning in data-poor areas: An example from a remote Amazonian basin (Madre de Dios River, Peru and Bolivia). Biological Conservation, 135 (4): 484-501.

Thorp J H, Thoms M C, Delong M D. 2006. The riverine ecosystem synthesis: Biocomplexity in river networks across space and time. River Research And Applications, 22 (2): 123-147.

Thorp J H, Flotemersch J E, Delong M D, et al. 2010. Linking ecosystem services, rehabilitation, and river hydrogeomorphology. Bioscience, 60 (1): 67-74.

Tilman D, Knops J, Wedin D, et al. 1997. The influence of functional diversity and composition on ecosystem processes. Science, 277 (5330): 1300-1302.

Tufford D L. 1998. Stream nonpoint source nutrient prediction with land-use proximity and seasonality. Journal of Environmental Quality, 27: 100-111.

Turner B L, Meyer W B, Skole D L. 1994. Global land-use land-cover change-towards an integrated study. Ambio, 23 (1): 91-95.

Vannote R L, Minshall G W, Cummins K W, et al. 1980. River continuum concept. Canadian Journal of Fisheries and Aquatic Sciences, 37 (1): 130-137.

Villéger S, Brosse S. 2012. Measuring changes in taxonomic dissimilarity following species introductions and extirpations. Ecological Indicators, 18: 552-558.

Villéger S, Mason N W H, Mouillot D. 2008. New multidimensional functional diversity indices for a multifaceted framework in functional ecology. Ecology, 89 (8): 2290-2301.

Villéger S, Miranda J R, Hernandez D F, et al. 2010. Contrasting changes in taxonomic vs. functional diversity of tropical fish communities after habitat degradation. Ecological Applications, 20 (6): 1512-1522.

Villéger S, Blanchet S, Beauchard O, et al. 2011a. Homogenization patterns of the world's freshwater fish faunas. Proceedings of the National Academy of Sciences, 108 (44): 18003-18008.

Villéger S, Novack-Gottshall P M, Mouillot D. 2011b. The multidimensionality of the niche reveals functional diversity changes in benthic marine biotas across geological time. Ecology Letters, 14 (6): 561-568.

Villéger S, Miranda J R, Hernandez D F, et al. 2012. Low functional β-diversity despite high taxonomic β-diversity among tropical estuarine fish communities. PloS One, 7 (7): e40679.

Villéger S, Grenouillet G, Brosse S. 2013. Decomposing functional β-diversity reveals that low functional β-diversity is driven by low functional turnover in European fish assemblages. Global Ecology and Biogeography, 22 (6): 671-681.

Violle C, Navas M L, Vile D, et al. 2007. Let the concept of trait be functional! Oikos, 116 (5): 882-892.

Vitousek P M, Mooney H A, Lubchenco J, et al. 1997. Human domination of Earth's ecosystems. Science, 277 (5325): 494-499.

Wallace J B, Grubaugh J W, Whiles M R. 1996. Biotic indices and stream ecosystem processes: Results from an experimental study. Ecological Applications, 6 (1): 140-151.

Walser C A, Bart H L. 1999. Influence of agriculture on in-stream habitat and fish community structurein piedmont watersheds of The Chattahoochee River System. Ecology of Freshwater Fish, 8 (4): 237-246.

Wasson J G, Bethemont J, Degorce J N, et al. 1993. Approche écosystémique du bassin de la Loire: éléments pour l´élaboration des orientations fondamentales de gestion Phase I: atlas. irstea. 81 p. ⟨hal-02609147⟩ https://xueshu. baidu. com/usercenter/paper/show? paperid = b55cf35cd76229a3038e5ea664116e19&site = xueshu_se [2021-3-15].

Weiher E, Werf A V D, Thompson K, et al. 1999. Challenging theophrastus: A common core list of plant traits for functional ecology. Brain A Journal of Neurology, 10 (5): 609-620.

Welcomme R L. 2011. International measures for the control of introductions of aquatic organisms. Fisheries, 1986, 11 (2): 4-9.

Whittaker R H. 1960. Vegetation of the Siskiyou mountains, Oregon and California. Ecological Monographs, 30 (3): 279-338.

Whittaker R H. 1972. Evolution and measurement of species diversity. Taxon, 21 (2/3): 213-251.

Whittier T R, Hughes R M, Larsen D P. 1988. Correspondence between ecoregions and spatial patterns in stream ecosystems in Oregon. Canadian Journal of Fisheries And Aquatic Sciences, 45 (7): 1264-1278.

Wilson D S. 1992. Complex interactions in metacommunities, with implications for biodiversity and higher levels of selection. Ecology, 73 (6): 1984-2000.

Winemiller K O. 1991. Ecomorphological diversification in lowland freshwater fish assemblages from five biotic regions. Ecological Monographs, 61 (4): 343-365.

Wright J F, Hiley P D, Cameron A C, et al. 1983. A quantitative study of the Macroinvertebrate Fauna of 5 biotopes in the River Lambourn, Berkshire, England. Archiv Fur Hydrobiologie, 96 (3): 271-292.

Wrona F J, Prowse T D, Reist J D, et al. 2006. Vincent. Climate Change Effects on Aquatic Biota, Ecosystem Structure and Function, AMBIO: A Journal of the Human Environment, 35 (7): 359-369.

Zak J C, Willig M R, Moorhead D L, et al. 1994. Functional diversity of microbial communities: A quantitative approach. Soil Biology & Biochemistry, 26 (9): 1101-1108.